ÖSTERREICHISCHE RAUMORDNUNGSKONFERENZ (ÖROK)

SCHRIFTENREIHE NR. 214

STEUERUNG VON FREIZEITWOHNSITZEN IN ÖSTERREICH

FACHEMPFEHLUNGEN UND MATERIALIENBAND

Wien, Dezember 2022

IMPRESSUM

© 2022 by Geschäftsstelle der Österreichischen Raumordnungskonferenz (ÖROK), Wien
Alle Rechte vorbehalten.

Medieninhaber und Herausgeber: Geschäftsstelle der Österreichischen Raumordnungskonferenz (ÖROK)
Geschäftsführer: Mag. Markus Seidl/Mag. Johannes Roßbacher
Projektleitung und Gesamtredaktion: Dipl.-Ing. Paul Himmelbauer, Paul Hofstätter BSc
Fleischmarkt 1, A-1010 Wien
Tel.: +43 (1) 535 34 44
Fax: +43 (1) 535 34 44 – 54
E-Mail: oerok@oerok.gv.at
Internet: www.oerok.gv.at

Die Fachempfehlungen zur „Steuerung von Freizeitwohnsitzen in Österreich" wurden auf Basis von Beratungen im Ständigen Unterausschuss (StUA) der ÖROK sowie in drei Expert:innen-Workshops erarbeitet und durch die ÖROK-Stellvertreterkommission (StVK) mit Beschluss vom 8. November 2022 angenommen.

Fachliche Bearbeitung:
Fachempfehlungen und Studie:
Univ.-Prof. Dipl.-Ing. Dr. Arthur Kanonier, Dipl.-Ing. Dr. Arthur Schindelegger (Technische Universität Wien)

Zusammenfassung und Summary: Paul Hofstätter BSc (ÖROK-Geschäftsstelle)

Grafische Gestaltung: www.pflegergrafik.at, Katrin Pfleger

Produktion: medienundmehr.at, Mag.a Astrid Widmann-Rinder

Copyrights der Coverfotos:
Tirol Werbung/Gerhard Eisenschink, Fotolia.com/J. Roßbacher/H. Widmann/Amt der Niederösterreichischen Landesregierung/
Magistrat der Stadt Wien, Magistratsabteilung 18 – Stadtentwicklung und Stadtplanung

Druck: Print Alliance HAV Produktions GmbH, Bad Vöslau

Eigenverlag

ISBN: 978-3-9519791-7-5

Zitierempfehlung:
ÖROK (2022): Kanonier, A.; Schindelegger, A.: Steuerung von Freizeitwohnsitzen in Österreich. Fachempfehlungen und Materialienband. ÖROK-Schriftenreihe Nr. 214.

FSC
www.fsc.org
MIX
Papier | Fördert gute Waldnutzung
FSC® C011912

Hinweise:
Für diese Publikation wurde eine geschlechtsneutrale Form gewählt. Wo das aus Gründen der Lesbarkeit oder in Rechtstexten unterbleibt, sind ausdrücklich alle Geschlechter gleichwertig angesprochen.

Die Quellen aller veröffentlichten Bilder und Grafiken wurden nach bestem Wissen und Gewissen sorgfältig recherchiert. Sollte uns ein bestehendes Urheberrecht entgangen sein, teilen Sie uns dies bitte mit, wir werden die Nutzungsrechte auf dem schnellsten Weg mit Ihnen klären.

VORWORT
DER ÖROK-GESCHÄFTSSTELLE

Die Frage der Steuerung von Freizeit- und Zweitwohnsitzen, insbesondere in touristischen Regionen, ist seit vielen Jahren Thema in der Raumplanung, wie auch eine bereits vor 35 Jahren im Auftrag der ÖROK verfasste Arbeit (Schriftenreihe Nr. 54) belegt. Die Nachfrage nach Freizeitimmobilien erfuhr in den vergangenen Jahren jedoch eine Dynamik, die die Raumplanung vor neue Herausforderungen stellt und eine Weiterentwicklung und Ausdifferenzierung geeigneter Steuerungsansätze erfordert.

Auf Initiative des Landes Kärnten, unterstützt von weiteren ÖROK-Mitgliedern, wurde der Anstoß gegeben, das Thema im Rahmen der ÖROK wieder aufzugreifen und zu bearbeiten.

Unter der fachlichen Leitung von Univ.-Prof. Dipl.-Ing. Dr. Arthur Kanonier und Dipl.-Ing. Dr. Arthur Schindelegger (Technische Universität Wien) sowie Mitarbeit von Dipl.-Ing. Andreas Falch (Büro Raumwirtschaft) wurde der inhaltliche Schwerpunkt auf die rechtlichen Rahmenbedingungen und Möglichkeiten für die Steuerung von Freizeitwohnsitzen in Österreich gelegt. Im Zuge der Bearbeitung fanden auch drei Workshops zu spezifischen Themenschwerpunkten statt. Die Ergebnisse des fachlichen Austausches bildeten auch einen wesentlichen Input für die Erarbeitung des vorliegenden Materialienbandes.

Als Ergebnis liegen nun Fachempfehlungen zur Steuerung von Freizeitwohnsitzen in Österreich vor, die von der Stellvertreterkommission der ÖROK im November 2022 angenommen wurden. Die Empfehlungen umfassen Maßnahmenvorschläge, die als gemeinsam zwischen Bund, Ländern, Städten und Gemeinden abgestimmte Vorgehensweise zur Steuerung von Freizeitwohnsitzen in Österreich empfohlen werden.

Die begleitende Studie diente als Grundlage zur Ableitung und Ausarbeitung der Fachempfehlungen. Sie betrachtet das bestehende Steuerungsinstrumentarium und dessen rechtliche Rahmenbedingungen sowie aktuelle Herausforderungen bezüglich der Entwicklung von Freizeitwohnsitzen.

Die Fachempfehlungen und die Studie zur Steuerung von Freizeitwohnsitzen sind Teil der Umsetzung des Österreichischen Raumentwicklungskonzeptes (ÖREK) 2030, orientieren sich an dessen Handlungsprogramm (siehe Handlungsauftrag 3.5 b) und verfolgen mehrere der darin gesteckten Ziele.

Wir danken den Autoren sowie allen Mitwirkenden, die mit ihrem engagierten Einsatz das Ergebnis der Arbeiten um entscheidendes Wissen und Praxiserfahrungen bereichert haben.

Mag. Johannes Roßbacher   **Mag. Markus Seidl**

Geschäftsführer

INHALTSVERZEICHNIS

Zusammenfassung
ÖROK-SCHRIFTENREIHE NR. 214 – STEUERUNG VON FREIZEITWOHNSITZEN IN ÖSTERREICH

Die Steuerung von Freizeitwohnsitzen ist in der Raumplanung bereits seit Jahrzehnten ein zentrales Thema, das in den vergangenen Jahren mehr und mehr in den öffentlichen Diskurs gerückt ist. Aufgrund von dynamischen Entwicklungen, die insbesondere touristisch geprägte Regionen betreffen, wurde erkannt, dass eine Weiterentwicklung der Steuerungsansätze notwendig ist. Die Steuerung von Freizeitwohnsitzen hat außerdem zum Ziel, den sparsamen Umgang mit Ressourcen sowie mit Flächen für dauerhaftes Wohnen und gewerblicher Vermietung konsequent zu verfolgen. Jedoch stellen die engen rechtlichen Rahmenbedingungen und der hohe Ressourcenaufwand in der Kontrolle und Sanktionierung erhebliche Herausforderungen für den Vollzug dar. Dies wurde als Anlass gesehen, das Thema in den Arbeiten der ÖROK aufzugreifen.

Die Instrumente zur Steuerung von Freizeitwohnsitzen sind in den Bundesländern unterschiedlich ausgeprägt. Die vorliegenden Fachempfehlungen gelten somit als Sammlung von Maßnahmen, auf die bei der Erweiterung der bestehenden Regelungsansätze zurückgegriffen werden kann. In den fachlichen Diskussionen hat sich gezeigt, dass eine an die unterschiedlichen örtlichen Gegebenheiten angepasste Auswahl und Umsetzung der vorgeschlagenen Maßnahmen zielführend ist. Die Fachempfehlungen beruhen auf Expertise aus der Forschung sowie auf Praxiserfahrungen, insbesondere aus den Planungssystemen der Bundesländer, die bereits über ein ausdifferenziertes Instrumentarium verfügen.

Die Studie behandelt den Status quo der bestehenden Steuerungsansätze und umreißt die aktuellen Herausforderungen. Die beschriebenen Maßnahmen dienen zur Ergänzung der Fachempfehlungen und liefern wichtige Erkenntnisse, die in der Umsetzung dieser herangezogen werden können.

Die folgenden 16 Fachempfehlungen wurden von der ÖROK-Stellvertreterkommission im November 2022 angenommen und stehen allen ÖROK-Partnern – Bund, Ländern, Städten und Gemeinden – für die Umsetzung in ihrem Tätigkeitsbereich zur Verfügung:

1. Einschränkung von Freizeitwohnsitzen als Raumordnungsziel

Das öffentliche Interesse an der Steuerung und Einschränkung von Freizeitwohnsitzen soll in den raumordnungsgesetzlichen Zielen dahingehend ergänzt werden, dass die zur Deckung eines ganzjährig gegebenen Wohnbedarfs sowie für touristische Beherbergung benötigten Flächen nicht für Freizeitwohnsitze verwendet werden dürfen.

2. Freizeitwohnsitze als überörtliche Planungsaufgabe

Die überörtliche Raumordnung soll durch überörtliche Vorgaben die Entwicklung von Freizeitwohnsitzen – abhängig von den örtlichen Gegebenheiten – begrenzen.
→ Obergrenzen durch Freizeitwohnsitzquoten
→ Vorbehaltsgemeinden und Beschränkungszonen
→ Regelungen für Freizeitwohnsitze in überörtlichen Raumplänen

3. Strategische Aussagen zu Freizeitwohnsitzen in örtlichen Entwicklungskonzepten

Abhängig von den spezifischen kommunalen Herausforderungen sollen Örtliche Entwicklungskonzepte restriktive Aussagen zum strategischen Umgang mit Freizeitwohnsitzen enthalten, die als planerische und insbesondere standörtliche Vorgaben für entsprechende (Sonder-)Widmungen gelten sollen.

4. Steuerung der Freizeitwohnsitze durch örtliche (Sonder-)Widmungen

Die Errichtung und Schaffung von Freizeitwohnsitzen sollen als planungsrechtliche Grundlage eigene (Sonder-)Widmungen voraussetzen, um eine räumliche Steuerung und Einschränkungen durch die Gemeinden zu ermöglichen.

5. Einschränkende Widmungskriterien

Die planungsrechtlichen Kriterien für die Zulassung von Freizeitwohnsitz(gebiet)en sollen präzisiert und praxisrelevante Vorgaben für kommunale Planungsentscheidungen darstellen.

6. Differenzierte Sonderwidmungen

Aufgrund der unterschiedlichen räumlichen und siedlungsstrukturellen Wirkung soll widmungsrechtlich zwischen Apartmenthäusern, Feriendörfern und sonstigen Freizeitwohnsitzen differenziert werden können.

7. Einschränkung der Ausnahmeregelungen

Rechtliche Ausnahmetatbestände für die Zulässigkeit von Freizeitwohnsitzen sollen möglichst eindeutig und insgesamt gering gehalten sowie nachträgliche Deklarierungen bzw. Legalisierungen von Freizeitwohnsitzen vermieden werden.

8. Bebauungspläne für Freizeitwohnsitzprojekte

Bei künftigen Freizeitwohnsitzprojekten sollen die Möglichkeiten der Bebauungsplanung verstärkt genutzt werden, um die bauliche Ausgestaltung ortsspezifisch zu definieren.

9. Führung eines Freizeitwohnsitzverzeichnisses

Gemeinden sollen – nach entsprechenden Freizeitwohnsitzerhebungen – ein Freizeitwohnsitzverzeichnis führen, in denen die existierenden Freizeitwohnsitze (differenziert nach rechtlicher Grundlage) dokumentiert werden.

10. Erklärungspflicht über eine widmungskonforme Nutzung

Die widmungskonforme Verwendung von Liegenschaften in Gemeinden, die unter besonderem Nutzungsdruck hinsichtlich leistbaren Wohnens oder touristischer Beherbergung stehen (insbesondere in Vorbehaltsgemeinden), soll durch Erklärungspflichten abgesichert werden.

11. Absicherung durch Vertragsraumordnung

Durch Nutzungsverträge soll eine widmungskonforme Nutzung bei Planänderungen abgesichert werden, um zivilrechtlich konsenswidrige Nutzungen von Wohngebäuden als Freizeitwohnsitz auszuschließen.

12. Bestehende Freizeitwohnsitze

Durch restriktive Bestandsregelungen soll eine überdimensionale Erweiterung von bestehenden Freizeitwohnsitzen verhindert werden.

13. Adäquate Freizeitwohnsitzabgaben

Die Gemeinden sollen zur Einhebung von Freizeitwohnsitzabgaben ermächtigt werden, deren Höhe sowie allfällige Differenzierungen sachlich zu begründen sind.

14. Einschränkung von Mobilheimen auf Campingplätzen

Um Freizeitwohnsitze auf Campingplätzen zu vermeiden, sollen klare rechtliche Regelungen für die Aufstellung von Mobilheimen geschaffen werden, die eine dauerhafte ortsgebundene Nutzung von Mobilheimen verhindern.

15. Kontrolle und Sanktionen

Die Raumordnungsgesetze sollen Kontrollmöglichkeiten sowie Strafbestimmungen enthalten, um eine rechtliche Handhabe gegen die widmungswidrige Nutzung von Wohnobjekten zu ermöglichen.

16. Einschränkung gewerblicher Beherbergung insbesondere in Wohnungseigentumsobjekten

In Wohnungseigentumsobjekten sollte die gewerbliche Beherbergung (sowohl freies Gewerbe als auch reglementiertes Gewerbe) eingeschränkt werden bzw. an spezifische Widmungen nach dem jeweiligen Raumordnungsgesetz gebunden sein.

Summary

ÖROK-SERIES NO. 214 – REGULATION OF SECOND HOMES IN AUSTRIA

The regulation of second homes has been a central topic in spatial planning in the last decades, which has increasingly become subject of public discourse in recent years. Due to dynamic developments, which particularly affect regions characterised by tourism, it was recognised that further development of regulatory policies is necessary. The regulation of second homes also aims to pursue the sustainable use of resources such as areas for permanent living and commercial rent. However, the narrow legal framework and high expenditures for controlling and sanctioning pose considerable challenges for enforcement. This was seen as a reason to take up the issue in the work of ÖROK.

The instruments for the control of second homes are developed to different extents in the federal states. The following expert recommendations therefore serve as a collection of measures which can be used to expand the existing regulatory approaches. In discussions among experts, it became evident that in order to achieve the desired results, it is beneficial to select and implement the proposed measures in a way that is adapted to the different local conditions. The expert recommendations are based on expertise from research as well as practical experience, especially from the planning systems of the federal states, which already have a differentiated set of instruments.

The study addresses the status quo of existing regulatory approaches and outlines current challenges. The measures described serve to complement the expert recommendations and provide important insights that can be used in their implementation.

The following 16 technical recommendations were adopted by the ÖROK „Commission of Deputies" in November 2022 and are available to all ÖROK partners - federal, state and municipal authorities - for implementation in their areas of activity:

1. Restriction of second homes as a spatial planning objective

The public interest in the regulation and restriction of second homes is to be extended in the objectives of spatial planning laws to the effect that the areas required to cover the demand for primary residences and for tourist accommodation may not be used for second homes.

2. Second homes as a regional planning matter

State level planning should limit the development of second homes - depending on local conditions - through regional guidelines.
- Upper limits through second home quotas
- Reserve municipalities and restriction zones
- Regulations for second homes in regional spatial plans

3. Strategic approaches to second homes in municipal development concepts

Depending on the specific municipal challenges, municipal development concepts should entail restrictive measures for the strategic handling of second homes, which are to serve as planning and site-specific guidelines for the corresponding (special) zoning.

4. Control of second homes through zoning

The construction and authorisation of second homes should require specific land use zoning, to enable spatial control and restrictions by the municipalities.

5. Restrictive zoning criteria

The legislative criteria for the approval of second homes (or respective dedicated areas) should be specified and should represent practice-relevant guidelines for municipal planning decisions.

6. Differentiated special zoning

Due to the different spatial effects and impacts of settlement structures, it should be possible to differentiate between apartment buildings, vacation villages and other second homes in terms of zoning regulations.

7. Limitation of exemption criteria

Legal exemptions for the admissibility of second homes should be kept as coherent as possible and generally low, while avoiding subsequent declarations or legalisations of second homes.

8. Development plans for second home projects

For future second home projects, the possibilities of development planning are to be used more extensively in order to define the structural design in a locally specific manner.

9. Keeping a register of second homes

Municipalities should keep a register of second homes - following corresponding surveys of second homes - in which the existing second homes (differentiated depending on their legal basis) are documented.

10. Obligation usage declaration in conformity with the zoning regulations

The use of properties in municipalities that are under particular pressure to provide affordable housing or tourist accommodation (especially in reserved municipalities) in conformity with the zoning ordinance is to be ensured by obligatory declarations of the respective owners.

11. Guarantees through planning contracts

Planning contracts should be established to ensure usage in conformity with zoning regulations in the event of changes to development plans, in order to prevent non-compliant use of residential buildings as second homes under civil law.

12. Existing second homes

Restrictive regulations on existing buildings should be used to prevent excessive expansion of current second homes.

13. Adequate fees on second homes

The municipalities should be authorised to charge fees on second homes, the amount of which and any differentiation must be objectively justified.

14. Restriction of mobile homes on campsites

In order to avoid second homes on campsites, clear legal regulations should be introduced for the installation of mobile homes, which prevent their permanent stationary use.

15. Inspection and Sanctions

Spatial planning laws should contain inspection options as well as penalty clauses to provide means of legal action against the nonconforming use of residential properties.

16. Restriction of commercial accommodation, especially in condominium buildings

In privately owned residential properties, commercial accommodation (both free and regulated enterprises) should be restricted or tied to specific zoning regulations in accordance with the respective zoning laws.

FACHEMPFEHLUNGEN ZUR STEUERUNG VON FREIZEITWOHNSITZEN IN ÖSTERREICH

Die Fachempfehlungen wurden von Univ.-Prof. Dipl.-Ing. Dr. Arthur Kanonier und Dipl.-Ing. Dr. Arthur Schindelegger (Technische Universität Wien) mit zusätzlicher fachlicher Beratung durch Dipl.-Ing. Andreas Falch (Büro Raumwirtschaft) formuliert und in drei Workshops im Rahmen der ÖROK diskutiert.
Die Fachempfehlungen wurden von der ÖROK-Stellvertreterkommission in ihrer Sitzung vom 8. November 2022 angenommen.

FACHEMPFEHLUNGEN ZUR STEUERUNG VON FREIZEITWOHNSITZEN IN ÖSTERREICH

1. Einschränkung von Freizeitwohnsitzen als Raumordnungsziel

Das öffentliche Interesse an der Steuerung und Einschränkung von Freizeitwohnsitzen soll in den raumordnungsgesetzlichen Zielen dahingehend ergänzt werden, dass die zur Deckung eines ganzjährig gegebenen Wohnbedarfs sowie für touristische Beherbergung benötigten Flächen nicht für Freizeitwohnsitze verwendet werden dürfen.

Aus den raumordnungsgesetzlichen Zielen sollen sich die öffentlichen Planungsinteressen an der Steuerung und Einschränkung von Freizeitwohnungen ableiten lassen, um diese von den Planungsträger:innen bei konkreten Planungsentscheidungen – abhängig von den örtlichen Gegebenheiten – mit anderen öffentlichen Interessen abwägen zu können. Einschränkende Zielsetzungen sollen raumordnungsrechtliche Grundlage für künftige Einschränkungen für Freizeitwohnsitze sein, die in der Folge durch restriktive raumordnungsgesetzliche Widmungsbestimmungen sowie durch Festlegungen der überörtlichen und örtlichen Raumplanung konkretisiert und umgesetzt werden.

In allen Raumordnungsgesetzen sollen entsprechende Ergänzungen in den Zielkatalogen erfolgen, etwa dass

→ zur Deckung eines ganzjährig gegebenen Wohnbedarfs oder für die touristische Beherbergung benötigten Flächen nicht für eine bloß zeitweilige Wohnnutzung verwendet werden oder

→ ausreichende Flächen zur Befriedigung des dauernden Wohnbedarfes der Bevölkerung (zu leistbaren Bedingungen) oder des Bedarfes für touristische Beherbergung ausgewiesen werden.

Die Raumordnungsgesetze enthalten vielfältige Raumplanungsziele, durch die das öffentliche Interesse an der räumlichen Entwicklung normiert wird und welche den inhaltlichen Rahmen vorgeben, an denen sich raumplanerische Maßnahmen zu orientieren haben. Spezifische Zielsetzungen sind wesentlich, um Bestrebungen zur Errichtung und Schaffung von Freizeitwohnsitzen argumentativ entgegentreten zu können, zumal die Schaffung von Freizeitwohnsitzen in Konflikt mit anderen raumordnungsrechtlichen Zielsetzungen, wie etwa Schaffung von (leistbarem) Wohnraum, Ressourceneffizienz, sparsamer Umgang mit Grund und Boden, Vermeidung von Zersiedlung oder Sicherung von Flächen für touristische Beherbergung stehen kann.

> ### Begriffsbestimmung
>
> Die nachstehenden Fachempfehlungen beziehen sich begrifflich durchwegs auf Freizeitwohnsitze. Freizeitwohnsitze sind „Gebäude oder Wohnungen, die nicht der Befriedigung eines ganzjährigen, mit dem Mittelpunkt der Lebensbeziehungen verbundenen Wohnbedürfnisses, dienen, sondern zum Aufenthalt während des Urlaubs, der Ferien, des Wochenendes oder sonst nur zeitweilig zu Erholungszwecken verwendet werden".

2. Freizeitwohnsitze als überörtliche Planungsaufgabe

Die überörtliche Raumordnung soll durch überörtliche Vorgaben die Entwicklung von Freizeitwohnsitzen – abhängig von den örtlichen Gegebenheiten – begrenzen.

Die Konkretisierung raumordnungsgesetzlicher Zielbestimmungen in Form überörtlicher Vorgaben für Freizeitwohnsitze soll einen langfristigen Rahmen für das kommunale Planungsermessen bilden, wobei die Gemeinden in die entsprechenden Abstimmungsprozesse einbezogen werden sollen.

Die Auswirkungen durch die Schaffung von (großen) Freizeitwohnsitzvorhaben gehen zunehmend über die Grenzen der Standortgemeinden hinaus und erfordern demzufolge abgestimmte, überörtliche Vorgaben. Der überörtlichen Raumplanung bzw. dem Grundverkehr stehen im Bereich der Hoheitsverwaltung mehrere Instrumente zur Verfügung, die jeweils inhaltlich und räumlich abgestufte Ziele und Maßnahmen bezüglich Freizeitwohnsitze enthalten können:
→ **Obergrenzen durch Freizeitwohnsitzquoten,**
→ **Vorbehaltsgemeinden und Beschränkungszonen,**
→ **Regelungen für Freizeitwohnsitze in überörtlichen Raumplänen.**

Obergrenzen durch Freizeitwohnsitzquoten

Um übermäßige Belastungen von Gemeinden durch Freizeitwohnsitze zu vermeiden, sollen Freizeitwohnsitzquoten durch die Bundesländer festgelegt werden. Freizeitwohnsitzquoten, die quantitative Schwellenwerte darstellen, schränken künftige Widmungsmöglichkeiten ein, da neue Widmungen für Freizeitwohnsitze ausgeschlossen sind, sobald der rechtlich vorgegebene Anteil, der 10–15 % nicht überschreiten soll, erreicht wird.

Die Festlegung von maximalen Freizeitwohnsitzquoten und die damit verbundene Beschränkung weiterer Freizeitwohnsitze in Gemeinden, die diese Schwellenwerte erreichen bzw. überschreiten, sind ein etablierter überörtlicher Mechanismus zur Steuerung von Freizeitwohnsitzen. Je nach räumlichen Gegebenheiten können unterschiedliche Anteile an Freizeitwohnsitzen am Wohnungsbestand in einer Gemeinde zu übermäßiger Belastung (bzgl. der Auswirkungen auf den Wohnungs- und Bodenmarkt, Gentrifizierung und Kommodifizierung von Wohnraum sowie der technischen Infrastruktur und Versorgungsdienstleistungen der Gemeinde) führen. Gemeinden, die durch Freizeitwohnsitze besonders belastet sind, sollen die landesweite Quote zusätzlich einschränken können – bis hin zu einem gemeindeweiten Verbot von Freizeitwohnsitzen.

Vorbehaltsgemeinden und Beschränkungszonen

Alternativ zu quantitativen Freizeitwohnsitzquoten sollen von den Bundesländern spezifische Bereiche im Raumordnungs- oder Grundverkehrsrecht räumlich abgegrenzt werden, mit der Rechtswirkung, dass entweder die Ausweisung von Zweitwohnsitzgebieten unzulässig ist oder Rechtserwerbe für Freizeitwohnsitzzwecke beschränkt oder verboten sind. Damit können restriktive Vorgaben entweder gemeindeweit für Vorbehaltsgemeinden festgelegt oder durch Beschränkungszonen Freizeitwohnsitze – die auch von Gemeinden festgelegt werden können – räumlich differenziert eingeschränkt werden.

Kriterien für die Festlegung solcher Vorbehaltsgemeinden bzw. Beschränkungszonen können sein:
→ Die Anzahl der Freizeitwohnsitze im Verhältnis zur Anzahl der Hauptwohnsitze liegt erheblich über den entsprechenden Zahlen in den angrenzenden Gebieten,
→ Freizeitwohnsitze stehen einer sozio-kulturellen, strukturpolitischen, wirtschaftspolitischen oder gesellschaftspolitischen Entwicklung dieses Gebiets (Ortsentwicklung) entgegen,
→ eine überdurchschnittliche Erhöhung der Preise für Baugrundstücke ist durch die Nachfrage an Freizeitwohnsitzen eingetreten bzw. eine solche droht unmittelbar.

Regelungen für Freizeitwohnsitze in überörtlichen Raumplänen

In überörtlichen Raumplänen (in regionalen oder sektoralen Raumordnungsprogrammen) sollen für Regionen, in denen eine besondere Nachfrage nach Freizeitwohnsitzen besteht (z. B. touristische Intensivregionen wie Seen- oder Alpinregionen), abgestimmte Strategien sowie steuernde und einschränkende Maßnahmen für Freizeitwohnsitze festgelegt werden.

Um isolierte Vorgangsweisen einzelner Gemeinden in funktional zusammenhängenden Regionen zu vermeiden und Synergien bei der Lösung ähnlicher Herausforderungen zu erzielen, sollen – ausgehend von raumordnungsgesetzlichen Zielvorgaben und bei einem entsprechenden regionalen Steuerungsbedarf – regional abgestimmte Vorgaben für die Steuerung und Einschränkung von Freizeitwohnsitzen, wie regionale Eignungs-, Ausschluss- oder Beschränkungszonen, festgelegt werden. In die jeweiligen Abstimmungsprozesse sollen insbesondere Akteur:innen aus der betroffenen Region, wie Gemeinden, Tourismus- und Regionalverbände, sowie Expert:innen einbezogen werden.

3. Strategische Aussagen zu Freizeit-wohnsitzen in örtlichen Entwicklungs-konzepten

Abhängig von den spezifischen kommunalen Herausforderungen sollen Örtliche Entwicklungs-konzepte restriktive Aussagen zum strategischen Umgang mit Freizeitwohnsitzen enthalten, die als planerische und insbesondere standörtliche Vorgaben für entsprechende (Sonder-)Widmungen gelten sollen.

In örtlichen Entwicklungskonzepten sollen ortsspe-zifische Vorgaben für die Errichtung und Schaffung von Freizeitwohnsitze festgelegt werden, durch die verbindliche Einschränkungen in Flächenwidmungs-plänen und Bebauungsplänen sowie grundsätzliche Kontrollmechanismen sachlich argumentiert werden können. Örtliche Entwicklungskonzepte stellen die wesentliche planungsstrategische Grundlage für die Siedlungsentwicklung dar, in denen grundsätzliche Aussagen zum Umgang mit Freizeitwohnsitzen ge-troffen werden sollen, wobei insbesondere die Aus-weisung von Standorten, wo solche Nutzungen zu-lässig oder unzulässig sind, erfolgen soll. Bestehen in Gemeinden Defizite bei der Sicherstellung des dau-erhaften, leistbaren Wohnbedarfes, soll durch ent-sprechende Regelungen in örtlichen Entwicklungs-konzepten die Schaffung neuer Freizeitwohnsitze generell unzulässig sein.

4. Steuerung der Freizeitwohnsitze durch örtliche (Sonder-)Widmungen

Die Errichtung und Schaffung von Freizeitwohnsit-zen sollen als planungsrechtliche Grundlage eigene (Sonder-)Widmungen voraussetzen, um eine räum-liche Steuerung und Einschränkungen durch die Gemeinden zu ermöglichen.

Die Raumordnungsgesetze sollen im Rahmen der Flächenwidmungsplanung Maßnahmen vorsehen, die den Gemeinden die widmungsrechtliche Steu-erung und Einschränkung von Freizeitwohnsitzen ermöglichen, wobei verschiedene planungssystema-tische Regelungen möglich sind.

Einerseits kann die Zulässigkeit von künftigen Freizeitwohnsitzen an entsprechende Sonderwid-mungen (z. B. Bauland-Freizeitwohnsitzgebiet) ge-bunden werden, wobei nur in diesen Festlegungen – und nicht in anderen allgemeinen Baulandkatego-rien – Freizeitwohnsitze zulässig sind. Widmungs-systematisch kann unterschieden werden, ob eine eigene Widmungskategorie für Freizeitwohnsitze auszuweisen ist oder Freizeitwohnsitze über einen Widmungszusatz ermöglicht werden.

Andererseits können Widmungseinschränkungen vorgesehen werden, die Freizeitwohnsitze räumlich ausschließen. Freizeitwohnsitze wären somit grund-sätzlich in bestimmten (allgemeinen) Baulandka-tegorien (z. B. Bauland-Wohngebiet, -Kerngebiet oder -Mischgebiet) zulässig, können aber durch ent-sprechende widmungsrechtliche Festlegungen der Gemeinde eingeschränkt oder ausgeschlossen wer-den, wenn etwa Defizite bei der Sicherstellung des dauerhaften, leistbaren Wohnbedarfes bestehen.

Im Flächenwidmungsplan soll durch entsprechende Festlegungen der Gemeinde die jeweils höchstzuläs-sige Anzahl an Freizeitwohnsitzen bestimmt werden können.

Die planungsrechtlichen Möglichkeiten für die Gemeinden sollen dahingehend erweitert wer-den, dass bei Sonderwidmung von Freizeitwohn-sitzgebieten eine Hauptwohnsitznutzung aus-geschlossen werden kann, was für Gemeinden insbesondere bei peripheren Freizeitwohnsitzgebie-ten im Hinblick auf kommunale Dienstleistungen (z. B. infrastrukturelle Ausstattung, Müllentsorgung, Schüler:innentransporte etc.) bedeutend sein kann.

5. Einschränkende Widmungskriterien

Die planungsrechtlichen Kriterien für die Zulassung von Freizeitwohnsitz(gebiet)en sollen präzisiert und praxisrelevante Vorgaben für kommunale Planungsentscheidungen darstellen.

Detaillierte raumordnungsrechtliche Widmungskriterien sollen zu nachvollziehbaren und schlüssigen Begründungen für die Festlegung bzw. Abgrenzung von Freizeitwohnsitzgebieten führen. Die Schaffung neuer Freizeitwohnsitze sollte grundsätzlich nur zulässig sein, wenn die geordnete räumliche Entwicklung der Gemeinde entsprechend den raumordnungsgesetzlichen Zielen sowie Aufgaben der örtlichen Raumordnung dadurch nicht beeinträchtigt wird.

Wesentliche Kriterien bei der Beurteilung von Freizeitwohnsitzvorhaben sollen der Wohnbedarf der Bevölkerung, der aktuelle Anteil an Freizeitwohnsitzen, die infrastrukturelle Auslastung, die zersiedelnde Wirkung sowie Auswirkungen auf das Orts- und Landschaftsbild oder den Grundstücks- und Wohnungsmarkt sein. Freizeitwohnsitze sollen grundsätzlich nicht in isolierter Lage ausgewiesen werden.

6. Differenzierte Sonderwidmungen

Aufgrund der unterschiedlichen räumlichen und siedlungsstrukturellen Wirkung soll widmungsrechtlich zwischen Apartmenthäusern, Feriendörfern und sonstigen Freizeitwohnsitzen differenziert werden können.

Falls durch planungsrechtliche Bestimmungen größere Formen von Freizeitwohnsitzen nicht ohnehin ausgeschlossen sind, soll in Gemeinden die Möglichkeit zur widmungsrechtlichen Differenzierung zwischen unterschiedlichen (Groß-)Formen von Freizeitwohnsitzen eingeräumt werden.

So kann bei den freizeitwohnsitzspezifischen Widmungen zwischen unterschiedlichen Sonderformen (insbesondere Apartmenthäuser oder Feriendörfer) differenziert werden, und die Gemeinden ermächtigt werden, für spezifische, in der Regel größere Freizeitwohnsitzarten detaillierte widmungsrechtliche Vorgaben zu machen. Sind Großformen von Freizeitwohnsitzen nicht ohnehin rechtlich ausgeschlossen, rechtfertigt sich die Differenzierung von Freizeitwohnungen – bei allen Abgrenzungsfragen – durch vielfältige Auswirkungen, die sich projektbezogen sowie räumlich erheblich unterscheiden können.

7. Einschränkung der Ausnahmeregelungen

Rechtliche Ausnahmetatbestände für die Zulässigkeit von Freizeitwohnsitzen sollen möglichst eindeutig und insgesamt gering gehalten sowie nachträgliche Deklarierungen bzw. Legalisierungen von Freizeitwohnsitzen vermieden werden.

Restriktive Einschränkungen von Freizeitwohnsitzen sollen nicht durch großzügige rechtliche Ausnahmeregelungen in ihrer Wirkung erheblich eingeschränkt werden. Die teilweise umfangreichen Ausnahmen im Raumordnungsrecht, durch die Freizeitwohnsitze außerhalb von spezifischen (Sonder-) Widmungen aus unterschiedlichen Gründen für zulässig erklärt werden, etwa zur Erhaltung von kulturell bedeutender Baustruktur oder aus volkswirtschaftlichen Gründen, erschweren einerseits vielfach den Vollzug und haben einen erheblichen Verwaltungsaufwand zur Folge. Andererseits können Ausnahmebestimmungen zu Rechtsunsicherheiten führen und hohe Ansprüche an die sachliche Begründung und Rechtfertigung stellen. Bei der Einräumung von Ausnahmeregelungen sollen die Möglichkeiten der inhaltlichen, räumlichen sowie projekt-, nutzungs- und personenbezogenen Einschränkung entsprechend den raumordnungsrechtlichen Zielen genutzt werden. Bei raumordnungsgesetzlichen Übergangsregelungen sollten keine überlangen Fristen eingeräumt werden.

Jedenfalls zulässig soll die bescheidmäßige Genehmigung von rechtmäßig bestehenden Freizeitwohnsitzen sein sowie die Nutzung von Wohnungen (auf Antrag und per Bescheid), die im Erbweg im Todesfall erlangt wurden, wobei diesbezügliche Umgehungsmöglichkeiten eingeschränkt werden sollen.

Die nachträgliche Deklarierung bzw. Legalisierung von Freizeitwohnsitzen durch die Landesgesetzgeber kann falsche Signalwirkungen setzen und wurde wiederholt durch den VfGH wegen Verstoß gegen den Gleichheitsgrundsatz als verfassungswidrig aufgehoben.

8. Bebauungspläne für Freizeitwohnsitzprojekte

Bei künftigen Freizeitwohnsitzprojekten sollen die Möglichkeiten der Bebauungsplanung verstärkt genutzt werden, um die bauliche Ausgestaltung ortsspezifisch zu definieren.

Um Fehlentwicklungen bei der baulichen Gestaltung von Freizeitwohnsitzen zu vermeiden, soll bei Freizeitwohnsitzvorhaben, die eine bestimmte Größe überschreiten bzw. an orts- und landschaftsbildsensiblen Standorten geplant sind, eine umfassende räumliche Analyse stattfinden, die als Grundlage für gestalterische Vorgaben im Bebauungsplan dienen soll.

9. Führung eines Freizeitwohnsitzverzeichnisses

Gemeinden sollen – nach entsprechenden Freizeitwohnsitzerhebungen – ein Freizeitwohnsitzverzeichnis führen, in denen die existierenden Freizeitwohnsitze (differenziert nach rechtlicher Grundlage) dokumentiert werden.

Die jeweils aktuelle Situation bei Freizeitwohnsitzen soll in den Gemeinden statistisch erfasst, in Freizeitwohnsitzverzeichnissen oder -registern dokumentiert und im Rahmen der datenschutzrechtlichen Möglichkeiten publiziert werden. Eine detaillierte Datenaufbereitung sowie die generalisierte Publikation solcher Verzeichnisse sind wesentlich für einen transparenten Umgang und stellen eine Voraussetzung für die fachliche Begründung und Kontrollen von Einschränkungen und für allfällige Quoten dar.

Die Daten sollen grundsätzlich durch die zuständigen Gemeinden erhoben und an die jeweilige Landesregierung gemeldet werden, um auf Landesebene die Daten zusammenführen zu können. Der beachtliche personelle und finanzielle Ressourcenaufwand für die Gemeinden soll dabei verstärkt beachtet und entsprechende Maßnahmen zur kommunalen Unterstützung und Hilfestellung ausgearbeitet werden.

Ergänzend soll in den Flächenbilanzen zum Flächenwidmungsplan der jeweils aktuelle Stand an gewidmeten Freizeitwohnsitzgebieten (differenziert nach bebaut/unbebaut) ausgewiesen werden.

10. Erklärungspflicht über eine widmungskonforme Nutzung

Die widmungskonforme Verwendung von Liegenschaften in Gemeinden, die unter besonderem Nutzungsdruck hinsichtlich leistbaren Wohnens oder touristischer Beherbergung stehen (insbesondere in Vorbehaltsgemeinden), soll durch Erklärungspflichten abgesichert werden.

Grundverkehrsrechtliche Bestimmungen sollen bei Rechtsgeschäften im Zusammenhang mit Freizeitwohnsitzen die Abgabe von Erklärung vorsehen, dass auf gegenständlichen Immobilien ein Hauptwohnsitz begründet und diese Nutzung innerhalb einer bestimmten Frist auch tatsächlich aufgenommen wird. Ist aufgrund der Lage, der Ausgestaltung oder der Einrichtung einer Immobilie die Verwendung als Freizeitwohnsitz entgegen gesetzlicher Vorschriften nicht auszuschließen, sollen auch im Baurecht Bauwerber:innen verpflichtet werden, insbesondere durch nähere Angaben über die vorgesehene Nutzung oder über die Art der Finanzierung, glaubhaft zu machen, dass eine Verwendung als Freizeitwohnsitz nicht beabsichtigt ist.

Der Erklärung widersprechende Nutzungen und Verwendungen sollen weitreichende Konsequenzen (z. B. Nutzungsuntersagung, Verwaltungsstrafen, Unwirksamkeit oder Rückabwicklung des Rechtsgeschäftes) nach sich ziehen.

11. Absicherung durch Vertragsraumordnung

Durch Nutzungsverträge soll eine widmungskonforme Nutzung bei Planänderungen abgesichert werden, um zivilrechtlich konsenswidrige Nutzungen von Wohngebäuden als Freizeitwohnsitz auszuschließen.

Die Vertragsraumordnung soll im Zusammenhang mit der Steuerung von Freizeitwohnsitzen eine ergänzende und absichernde Rolle spielen, um (öffentlich-rechtliche) Widmungsänderungen im Flächenwidmungsplan oder Änderungen im Bebauungsplan mittels Nutzungsverträgen (zivilrechtlich) dahingehend abzusichern, dass eine widmungskonforme Nutzung von Bauland sichergestellt wird. Vor allem in Vorbehaltsgemeinden kommt der Sicherung von dauerhaften Wohnnutzungen besondere Relevanz zu.

12. Bestehende Freizeitwohnsitze

Durch restriktive Bestandsregelungen soll eine überdimensionale Erweiterung von bestehenden Freizeitwohnsitzen verhindert werden.

Bestehende Freizeitwohnsitze sollen möglichst auf die aktuelle Größe und Dimension beschränkt bleiben. Um überdimensionale Ausbaumaßnahmen und Erweiterungen im Bestand einzuschränken, sollen restriktive raumordnungs- und baurechtliche Vorgaben für bestehende Freizeitwohnsitze festgelegt werden.

Änderungen des Verwendungszwecks von Bestandsbauten zu Freizeitwohnsitzen sollen inhaltlich eingeschränkt und bewilligungspflichtig sein.

13. Adäquate Freizeitwohnsitzabgaben

Die Gemeinden sollen zur Einhebung von Freizeitwohnsitzabgaben ermächtigt werden, deren Höhe sowie allfällige Differenzierungen sachlich zu begründen sind.

Durch die Einhebung von Freizeitwohnsitzabgaben sollen den Gemeinden ihre Aufwendungen, die sich am Entgang der Geldmittel aus dem Finanzausgleich für Hauptwohnsitze sowie an Kosten für die Infrastrukturbereitstellung orientieren sollen, finanziell kompensiert werden. Für Gemeinden sind Freizeitwohnsitze finanziell herausfordernd, zumal die Bereitstellung der Infrastruktur sowie die Leistungen der Gemeinden im Rahmen der Daseinsvorsorge für Freizeitwohnsitze nicht aus dem Finanzausgleich gedeckt werden.

Freizeitwohnsitzabgaben sind rechtlich grundsätzlich zulässig, bei der Festlegung der – moderaten (keine „Erdrosselungssteuer") – Abgabenhöhe nach der Rechtsprechung des VfGH muss jeweils die finanzielle Belastung der Gemeinde mit Freizeitwohnsitzen dargelegt werden. Zu klären – auch im Verhältnis mit anderen Gemeinden – sind die besonderen räumlichen und finanziellen Gegebenheiten, die spezifische Abgabenhöhen und Differenzierungen rechtfertigen. Die mögliche Zweckbindung derartiger Einnahmen sowie der Verteilungsschlüssel zwischen Bundesland und Standortgemeinde sollen an den spezifischen örtlichen Gegebenheiten ausgerichtet werden.

14. Einschränkung von Mobilheimen auf Campingplätzen

Um Freizeitwohnsitze auf Campingplätzen zu vermeiden, sollen klare rechtliche Regelungen für die Aufstellung von Mobilheimen geschaffen werden, die eine dauerhafte ortsgebundene Nutzung von Mobilheimen verhindern.

Durch restriktive Regelungen für Mobilheime in den Campingplatzgesetzen hinsichtlich Größe, Gewicht und Erscheinungsbild, der maximalen Fläche eines Stellplatzes (z. B. 50 m²) sowie generell eines reduzierten Prozentsatzes der Stellplätze eines Campingplatzes für Mobilheime (z. B. maximal 20 % oder 30 %) der Gesamtfläche der Standplätze soll die Zunahme freizeitwohnsitzähnlicher Wohnformen hintangehalten werden.

Ausdrücklich soll in den jeweiligen Begriffsdefinitionen festgehalten werden, dass Mobilheime der Unterbringung ständig wechselnder Gäste im Rahmen des Tourismus dienen und aufgrund ihrer Bauweise geeignet sind, an wechselnden Orten für einen begrenzten Zeitraum errichtet zu werden.

Die Nutzungsart von Stellplätzen eines Campingplatzes soll dahingehend beschränkt werden, dass im Rahmen kompetenzrechtlicher Möglichkeiten nur mehr Bestandsrechte zu ausschließlich touristischen Zwecken eingeräumt werden.

15. Kontrolle und Sanktionen

Die Raumordnungsgesetze sollen Kontrollmöglichkeiten sowie Strafbestimmungen enthalten, um eine rechtliche Handhabe gegen die widmungswidrige Nutzung von Wohnobjekten zu ermöglichen.

Die planungsrechtlichen Ermächtigungen für die Gemeinden für eine wirkungsvolle Kontrolle (u. a. Betretungserlaubnis der Immobilie, Abfrage der Verbrauchsdaten etc.) sowie spezifische Sanktionsmöglichkeiten bei rechtwidriger Nutzung sollen verbessert werden. Widmungswidrige Verwendungsänderungen von Bauvorhaben sollen überprüft, baurechtlich sanktioniert und die Herstellung des gesetzeskonformen Zustands vorgeschrieben werden. Der Vollzug freizeitwohnsitzspezifischer Bestimmungen generell sowie die Kontrolle von (vermuteten) Freizeitwohnsitzen und die Beweisführung für eine verwaltungsstrafrechtliche Verfolgung speziell bedeuten für Gemeinden einen hohen personellen und finanziellen Aufwand und erfordern spezifische juristische und planungsfachliche Kompetenzen. Die Bildung dieser fachlichen Kompetenzen sowie eine fachliche Beratung kann durch die jeweiligen Bezirksverwaltungsbehörden oder Ämter der Landesregierungen erfolgen.

Eine wirkungsvolle Kontrolle und allfällige Sanktionen sollen durch eine Beweislastumkehr dahingehend erleichtert werden, dass bei einem begründeten Verdacht und im Rahmen der grundrechtlichen Bestimmungen die Grundeigentümer:innen erklärungspflichtig sind, dass keine unzulässige Verwendung als Freizeitwohnsitz vorgesehen ist. Grundeigentümer:innen sollen in einer Erklärung die Verwendung als Freizeitwohnsitz der Behörde gegenüber ausschließen, wenn aufgrund der Lage, der Ausstattung oder der Einrichtung einer Immobilie die Verwendung als Freizeitwohnsitz nicht auszuschließen ist.

Die Einrichtung geschulter Aufsichtsorgane auf Gemeindeebene kann die Kontrollen bedeutend erleichtern, wobei gemeindeübergreifende Verwaltungsgemeinschaften gebildet werden könnten.

16. Einschränkung gewerblicher Beherbergung insbesondere in Wohnungseigentumsobjekten

In Wohnungseigentumsobjekten sollte die gewerbliche Beherbergung (sowohl freies Gewerbe als auch reglementiertes Gewerbe) eingeschränkt werden bzw. an spezifische Widmungen nach dem jeweiligen Raumordnungsgesetz gebunden sein.

Für gewerbliche Beherbergungsbetriebe sollen klare widmungsrechtliche Vorgaben bestehen, die den Gemeinden Möglichkeiten bieten, diese auf bestimmte Standorte einzuschränken und die touristische Nutzung langfristig sicherzustellen. Die Nutzung von Wohnraum zum Zweck der gewerblichen Beherbergung führt sowohl im städtischen als auch im touristischen Kontext zu Verwerfungen im Wohnungswesen. Die damit auch verbundenen Investorenmodelle (Buy-to-Let, AirBnB etc.) höhlen die touristische Infrastruktur aus und sind Anreiz zur Umgehung der Freizeitwohnsitzbeschränkungen. Die Nutzung einzelner Wohnungen zur gewerblichen Beherbergung steht im Widerspruch zu den Bemühungen, Wohnraum leistbar zu halten.

Beschränkungen bei der Begründung von Wohnungseigentum, wodurch dem Trend entgegengewirkt werden könnte, gewerbliche Beherbergungsbetriebe partiell in Freizeitwohnsitze umzuwandeln, fallen nicht in die raumordnungsrechtliche Zuständigkeit.

Für gewerbliche Beherbergungsbetriebe sollen durch die Gemeinden im Flächenwidmungsplan Sondernutzungen oder in Bebauungsplänen spezifische Nutzungsvorgaben vorgeschrieben werden können, die – räumlich differenziert – eine planungsrechtliche Sicherstellung eines gewerblichen Beherbergungsbetriebes bewirken. Im Rahmen der Vertragsraumordnung sollen Nutzungsverpflichtungen insbesondere für den Betrieb gewerblicher Beherbergungsbetriebe vorgeschrieben werden.

STUDIE
STEUERUNG VON FREIZEITWOHNSITZEN
IN ÖSTERREICH

Autoren:

Univ.-Prof. Dipl.-Ing. Dr. Arthur Kanonier

Dipl.-Ing. Dr. Arthur Schindelegger

Technische Universität Wien

Institut für Raumplanung

Forschungsbereich Bodenpolitik und Bodenmanagement

INHALTSVERZEICHNIS

1 FREIZEITWOHNSITZE – AKTUALITÄT UND HERAUSFORDERUNGEN

Freizeit- und Zweitwohnsitze sind in vielen Teilen Österreichs ein bereits seit Jahrzehnten intensiv diskutiertes Phänomen, das nach einer Steuerung insb. durch die Raumplanung verlangt. Während Planungsziele in den jeweiligen Raumordnungsgesetzen[1] einhellig Aspekte der Daseinsvorsorge, einer verträglichen wirtschaftlichen Entwicklung und einer Ressourcenschonung betonen, gibt es in keinem Bundesland ein Ziel zur Schaffung von Freizeit- und Zweitwohnsitzen. Sie sind also nicht erklärtes raumordnungspolitisches Ziel, da sie ganz offensichtlich im Konflikt zum sparsamen Umgang mit Ressourcen sowie mit Flächen für dauerhaftes Wohnen oder gewerbliche Vermietung stehen. Dennoch spricht die Statistik Bände: Im Jahr 2011 hatten im österreichweiten Schnitt 17,9 % aller Wohnungen keine Hauptwohnsitzmeldung zu verzeichnen. Spitzenreiter auf Bezirksebene war Kitzbühel mit 34,7 %.[2] Diese Wohnungen stehen leer, werden für Ausbildungs- oder Arbeitszwecke genutzt oder dienen für Freizeit- und Erholungszwecke. Die Treffsicherheit von Aussagen auf Basis von Meldedaten ist zwar eingeschränkt, Fakt ist aber, dass ein **signifikanter Anteil von Wohnungen nicht für dauerhaftes Wohnen genutzt wird**. Daraus ergeben sich diverse Herausforderungen und Probleme – vor allem auf kommunaler Ebene.

Die planungsfachliche Auseinandersetzung mit dem damals neuen Massenphänomen der Freizeit- und Zweitwohnsitze begann in Österreich bereits in den 1970er-Jahren und führte ab den 1980ern zu einer zunehmenden restriktiven Regelung im Raumordnungsrecht. Hintergrund dafür waren – damals wie heute – die erwarteten wie beobachteten **negativen Effekte von Freizeitwohnsitzen und Zweitwohnungen** vor allem in touristisch geprägten und ländlichen Gemeinden. Preissteigerungen am Immobilienmarkt, Überbeanspruchung der kommunalen Infrastruktur oder die Beeinträchtigung von Natur- und Erholungsgebieten sind nur einige dieser Aspekte. Vor allem die westlichen und somit alpin geprägten Bundesländer Vorarlberg, Tirol und Salzburg verfügen deshalb bereits seit Jahrzehnten über restriktive Steuerungsansätze für Freizeit- und Zweitwohnsitze, wobei in einigen Bundesländern in den letzten Jahren die relevanten Bestimmungen überarbeitet, an aktuelle Gegebenheiten angepasst und tendenziell restriktiver gefasst wurden.

Dabei geht es nicht mehr ausschließlich um klassische Freizeitwohnsitze, die im Alleineigentum stehen und während der Ferienzeiten regelmäßig genutzt werden, sondern verstärkt um die Zweckentfremdung von Wohnungen für eine gewerbliche kurzfristige Vermietung (Stichwort: AirBnB) oder den Verkauf von Apartments, die wiederum durch Hotelbetriebe vermietet werden sollen (Buy-to-let-Modelle). Hier entstehen vor allem Konflikte mit der Verfügbarkeit und Leistbarkeit von Wohnraum, ebenso wie soziale Verwerfungen durch touristisch bedingte Störungen.

Abb. 1: Hotelbetrieb im Chaletdorf, Alpen Chalets Katschberg

Quelle: © Schindelegger

Die Frage nach der **Steuerung von Freizeit- und Zweitwohnsitzen** ist genauso aktuell wie vor drei Jahrzehnten. Die zu berücksichtigenden Faktoren für die Diskussion über die richtigen planerischen Interventionen haben aber die geänderten ökonomischen und sozialen Rahmenbedingungen zu berücksichtigen, weshalb allein aus diesem Grund eine umfassende planungsfachliche Betrachtung des Themenkomplexes notwendig erscheint.

---

1 Nachfolgend wird vereinheitlicht der Begriff Raumordnungsgesetz (ROG) verwendet, der neben den Raumordnungsgesetzen, die Raumplanungsgesetze im Bgld und in Vlbg sowie den I Abschnitt der Wiener Bauordnung mitumfasst.
2 Daten zu Haupt- und Nebenwohnsitzen sind im ÖROK-Atlas aufbereitet und online zugänglich: https://www.oerok-atlas.at/#indicator/77, 17. 11. 2022.

1.1 Forschungsstand zu Freizeitwohnsitzen und Zweitwohnungen

Auch wenn die Steuerung von Freizeitwohnsitzen und Verhinderung von Umgehungsmodellen vor allem politisch und medial die letzten Jahre intensiv diskutiert wurde, die Diskussion zur planungsfachlichen Perspektive zu Freizeitwohnsitzen und Zweitwohnungen ist keineswegs neu. Im Zusammenhang mit dem Wachstum des Tourismussektors in den 1960er/70er-Jahren wurden in dieser Zeit erste Studien verfasst. Vor allem vor dem EU-Beitritt Österreichs am 1. Januar 1995 wurden einige Raumordnungs- und Raumplanungsgesetze sowie diverse Grundverkehrsgesetze angepasst.

Eine der **ersten Studien zu Zweitwohnungen** für Freizeit und Erholung verfasste das Österreichische Institut für Raumplanung (ÖIR) bereits 1972.[3] Neben der grundsätzlichen Analyse des Trends, Zweitwohnungen zu schaffen, wurden insb. erwartete und bereits beobachtete Probleme dargestellt. Diese wurden in die vier Teile (i) zur Beeinträchtigung von Erholungsgebieten, (ii) der Problematik in Fremdenverkehrsorten, (iii) Belastung der Gemeinden im Hinblick auf die Erfüllung ihrer kommunalen Aufgaben und (iv) mögliche Reaktionen auf die Problematiken gegliedert. Für die Lösungsmöglichkeiten wurde in erster Linie auf die Notwendigkeit einer weiteren einschlägigen Forschung hingewiesen. Insb. galt es nach damaliger Ansicht, die Bedeutung und Funktion sowie quantitative Verbreitung und regionale Verteilung von Zweitwohnungen weiter zu erforschen.[4] Die Forderung nach einer quantitativen Vorgabe bzw. Beschränkung taucht zu diesem Zeitpunkt (noch) nicht auf. Vergleichsweise umfassende Grundlagenstudien folgten durch das Salzburger Institut für Raumforschung (SIR) in den 1970er-Jahren. Die Studie von Czihard et. al. geht auf architektonische Gesichtspunkte sowie soziologische und ökonomische Kriterien von Zweitwohnungen ein und überlegt, an welchen Kriterien eine Belastbarkeit festgemacht werden kann.[5] Der zweite Teil der Studie nimmt weitere Aspekte in die Betrachtung auf. So werden Zweitwohnungen im Hinblick auf Entwicklungspotenziale und den Einfluss auf die lokale Wirtschaft untersucht sowie der Zusammenhang mit einer verstärkten Baulandnachfrage überprüft. Der Fokus dieser Studie lag aber deutlich auf den Kosten für Gemeinden bzgl. der Investitionen in kommunale Infrastrukturen (Verkehrswege, Trinkwasserversorgung, Abwasserbeseitigung, Müllbeseitigung, Stromversorgung).[6]

Abb. 2: Freizeitwohnsitze der ersten Generation, Gemeinde Tauplitz

Quelle: © Schindelegger

Die **umfassendste Studie zu Zweitwohnungen in Österreich** basiert auf einem Gutachten des Instituts für Stadtforschung, des Kommunalwissenschaftlichen Dokumentationszentrums (KDZ) und des ÖIR und wurde 1987 von der ÖROK publiziert.[7] Die Studie schlüsselt sehr detailliert Rahmenbedingungen und Formen des Zweitwohnungswesens auf, analysiert Häufigkeit und regionale Verteilung, Auswirkungen des Zweitwohnungswesens auf Gemeinden, den kommunalen Haushalt sowie regionale Effekte. Die Studie schließt mit der Entwicklung von Szenarien über die künftige regionale Entwicklung des Zweitwohnungswesens.

Das Salzburger Institut für Raumforschung (SIR) griff mit einer Studie in den 1990ern die **Zweitwohnungssituation im Bundesland Salzburg** erneut auf und untersuchte konkret die Kosten und Erlöse von Zweitwohnungen.[8] Die größtenteils auf einer Befragung basierende Studie stellte die Perspektive der Zweitwohnsitzbesitzer:innen sowie jene der Kommunen ins Zentrum.

Die wissenschaftliche Diskussion der Freizeit- und Zweitwohnsitzproblematik – u. a. im Zusammenhang mit gesetzlichen Novellierungen – erlebte in den 1990er-Jahren in Österreich einen **vorerst letzten Höhepunkt**, was sich auch an der Zahl von einschlägigen universitären Abschlussarbeiten zeigt.[9] Vor allem im Vorfeld zum EU-Beitritt Österreichs wurden im Hinblick auf den Ausländergrundverkehr und die Beschränkung von Zweitwohnungen Anpassungen der raumplanungsrechtlichen Grundlagen vorgenommen. Neben den älteren, aber fundierten Studien zu diversen Aspekten des Zweitwohnungswesens gibt es aus den letzten beiden Jahrzehnten keine umfassenden planerischen Publikationen zu Steuerungs-

---

3 ÖIR, 1972.
4 ÖIR, 1972, S 19.
5 Czihardet. al., 1973.
6 Hutter, 1978.
7 ÖROK, 1987.
8 Poppinger, 1995.
9 z. B. Favry-Marksteiner, 1991. Hiebl, 1996. Mayer, 1997, Stütz, 1989. Und neuer: Gruber, 2015. Pichler, 2008. Traunbauer, 2011.

mechanismen, Schwellenwerten oder Fragen der Besteuerung. Eine einschlägige fachliche Diskussion gibt es nicht zuletzt im Zuge der Covid-19-Pandemie zu **Multilokalität**, die als Phänomen aber nicht per se mit dem der Freizeitwohnsitze gleichzusetzen ist.[10]

Freizeitwohnsitze und Zweitwohnungen sind in den letzten Jahren aber vor allem auch in der juristischen Fachwelt stärker ins Blickfeld gerückt. So gibt es einerseits Überblickswerke zur generellen Rechtslage[11] und in Fachzeitschriften werden vor allem aktuelle höchstgerichtliche Entscheidungen besprochen.[12] In den letzten Jahren nimmt auch die Zahl der universitären Abschlussarbeiten zum Thema wieder deutlich zu.[13]

1.2 Effekte von Freizeitwohnsitzen und Zweitwohnungen auf kommunaler Ebene

Ferien-/Zweitwohnungen bringen unterschiedliche positive und negative Effekte mit sich, die bisher im Zentrum des Forschungsinteresses standen. Bereits in den 1970er-Jahren identifizierte das ÖIR in einer Studie Probleme, die mit dem Trend zur Zweitwohnung verbunden sind:[14]

→ **Beeinträchtigung von Erholungsgebieten** – Schmälerung des Erlebnis- und Erholungswertes: dieser Aspekt ist insb. im Zusammenhang mit beobachteten Zersiedlungstendenzen zu sehen, wenn Zweitwohnungen als Einzelgebäude errichtet werden. Je nach regionaler Besonderheit handelt es sich um Wochenendhäuser, Badehütten etc.

→ Problematik der Schaffung von **Zweitwohnungen in Fremdenverkehrsorten**: Im Kontext mit Fremdenverkehrsorten werden abträgliche Auswirkungen auf den Ortscharakter, eine zunehmende „Überfremdung", der Verlust an Freiflächen, die Spekulation mit Grundstücken und Immobilien, steigende Grundstückspreise und ein mitunter nachteiliger Strukturwandel des lokalen Fremdenverkehrs ins Treffen geführt.

→ Belastung der **Gemeinden** im Hinblick auf die **Erfüllung ihrer kommunalen Aufgaben**: Diese Belastung entsteht für Gemeinden insb. im Hinblick auf die Bereitstellung der technischen Infrastruktur, Schneeräumung, Müllbeseitigung etc., ohne kostentragende Abgaben für diese Leistungen zu erhalten.

Eine vom SIR durchgeführte Studie[15] versuchte die Belastbarkeit von Gemeinden mit Zweitwohnungen festzustellen. Eine Belastung besteht in unterschied-

lichen Dimensionen und in der Studie wird aus soziologischer, ökonomischer und architektonischer Sicht unterschieden.

→ **Belastbarkeit im soziologischen Sinn**: Damit wird auf die Fähigkeit des Sozialraumes abgezielt, neue Elemente aufzunehmen. Als Sozialraum wird dabei ein mehrere Generationen umfassendes Zusammengehörigkeitsbewusstsein verstanden.

→ **Belastbarkeit aus ökonomischer Sicht**: Im Hinblick auf ökonomische Aspekte werden in der Studie folgende Kriterien unterschieden:
- finanzielle Belastbarkeit der Gemeinden,
- infrastrukturelle Belastbarkeit der Gemeinden,
- personelle Belastbarkeit der ortsansässigen Bevölkerung,
- ökonomische Belastbarkeit der Fremdenverkehrswirtschaft.

→ **Architektonische Belastbarkeit**: Dieses Kriterium nimmt insbesondere auf die Veränderung des Orts- und Landschaftsbildes durch Zweitwohnungen Bezug.

Ohne Zweifel würde eine Differenzierung nach heutigen Erfahrungswerten und Wissensstand anders vorgenommen werden, um etwa auch ökologische oder kulturelle Aspekte stärker abzubilden.

Die **letzte umfassende Studie zu Auswirkungen von Zweitwohnungen in Österreich** wurde Mitte der 1980er-Jahre durchgeführt und durch die ÖROK publiziert.[16] In dieser Studie wurden Gemeinden in ganz Österreich befragt und verschiedene Auswirkungen in Wirkungsketten festgestellt, um auch die Zusammenhänge besser abbilden zu können. Die Wirkungsketten werden dabei in folgende Kategorien aufgeschlüsselt:
→ demografische und soziale Auswirkungen,
→ ökologische Auswirkungen,
→ Auswirkungen auf die Flächennutzung,
→ Auswirkungen auf das Wohnungswesen,
→ Auswirkungen auf den Verkehr,
→ Auswirkungen auf den Energieverbrauch,
→ Auswirkungen auf die Finanz- und Wirtschaftsstruktur,
→ Auswirkungen auf die Infrastruktur.

Die Auswirkungen von Freizeitwohnsitzen sind abhängig von den jeweiligen Ausprägungsmerkmalen, die eine beachtliche Vielfalt aufweisen können. So können die **Nutzungszwecke und -frequenzen**, die **Gebäudetypologien** sowie der **Ausstattungsgrad variieren**. Zusätzlich kann bezüglich Stand-

---

10 Weichhart und Rumpold, 2018. Wisbauer et. al., 2015.
11 König, 2020. Eisenberger und Holzmann, 2021.
12 z. B. Baumgartner und Fister, 2016. Faber, 2013. Urlesberger, 2016.
13 Stöckl, 2014. Brandstätter, 2015, Grader, 2017. Dierer, 2020.
14 ÖIR, 1972, S 12ff.
15 Czihard et al, 1975.
16 ÖROK, 1987.

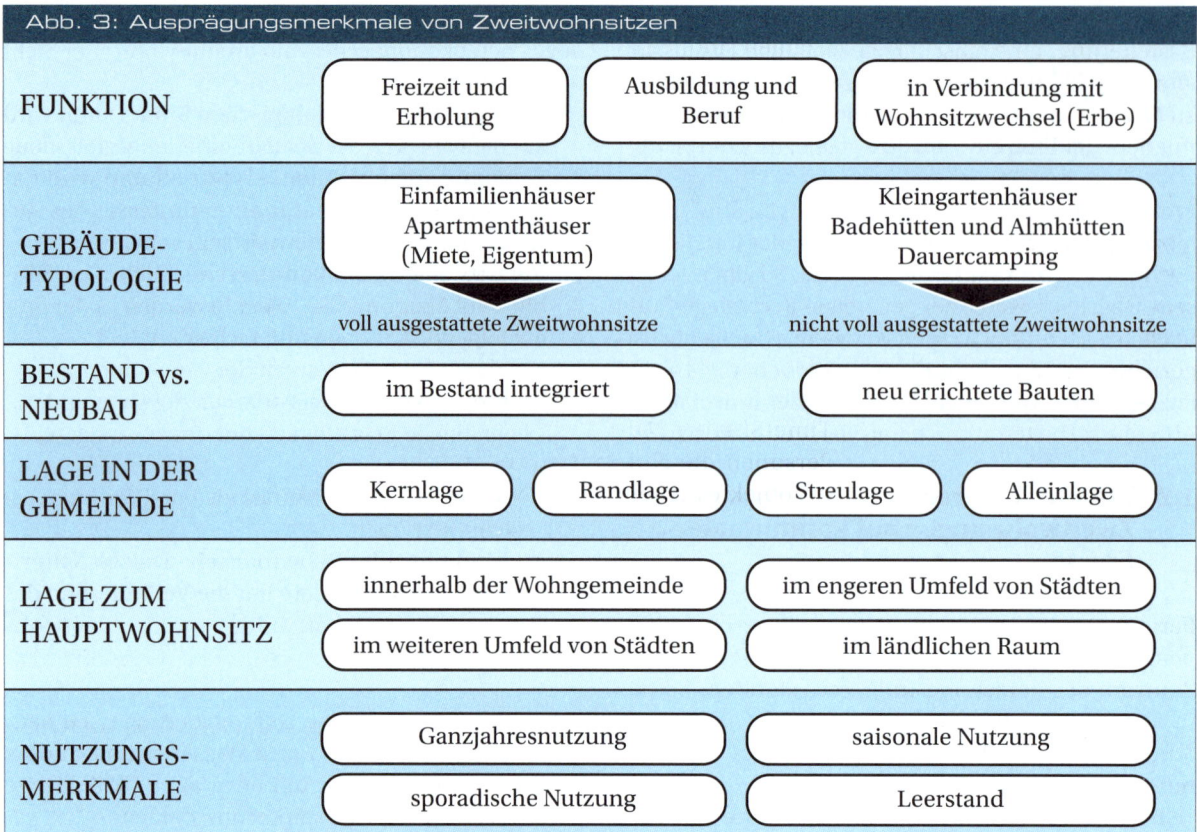

Abb. 3: Ausprägungsmerkmale von Zweitwohnsitzen

FUNKTION	Freizeit und Erholung	Ausbildung und Beruf	in Verbindung mit Wohnsitzwechsel (Erbe)

| GEBÄUDE-TYPOLOGIE | Einfamilienhäuser Apartmenthäuser (Miete, Eigentum) — voll ausgestattete Zweitwohnsitze | Kleingartenhäuser Badehütten und Almhütten Dauercamping — nicht voll ausgestattete Zweitwohnsitze |

| BESTAND vs. NEUBAU | im Bestand integriert | neu errichtete Bauten |

| LAGE IN DER GEMEINDE | Kernlage | Randlage | Streulage | Alleinlage |

| LAGE ZUM HAUPTWOHNSITZ | innerhalb der Wohngemeinde | im engeren Umfeld von Städten | im weiteren Umfeld von Städten | im ländlichen Raum |

| NUTZUNGS-MERKMALE | Ganzjahresnutzung | saisonale Nutzung | sporadische Nutzung | Leerstand |

Quelle: Eigene Darstellung adaptiert nach Dierer, 2020, S 24 und Gruber 2015, S 37.

ortes die Lage im Siedlungsgefüge oder die Lage des Ferienwohnsitzes zum Hauptwohnsitz unterschieden werden.[17]

Bezüglich der Funktion von Freizeitwohnsitzen ist Freizeit und Erholung die dominierende Nutzung, was auch in der Begriffsdefinition im ROG verdeutlicht wird. Traditionell kann dabei zwischen Ferienwohnsitzen unterschieden werden, die am Wochenende genutzt werden (in der Regel im Umland von größeren Städten) und jenen, die (längeren) Ferien- und Urlaubsaufenthalten dienen (in der Regel in größerer Distanz zum Hauptwohnsitz). Aufgrund der zunehmenden Digitalisierung infolge der Covid-19-Pandemie (Schlagwort „Homeoffice"), aber auch durch die verstärkte Vermietung von Wohnungen durch Private (Schlagwort: AirBnB) überlagert sich zunehmend das Nutzungsverhalten. Eine exakte Abgrenzung zwischen Freizeitwohnsitzen und insb. Arbeitswohnsitzen ist nicht mehr durchgängig möglich, wobei die Mehrfachnutzungen tendenziell dazu führen, dass die Auslastung einiger Freizeitwohnsitze erhöht wird.[18]

Maßgeblich ermöglicht werden **multilokale Lebensweisen**, insb. im ländlichen Raum, durch die steigende Mobilität sowie die zunehmende Digitalisierung und verbesserte Kommunikationsmöglichkeiten. Mit dem Ausbau digitaler Infrastrukturen, der weitreichenden Verfügbarkeit von Breitbandinfrastruktur sowie flexiblen Arbeitszeitregelungen erhält insb. das Homeoffice und das mobile Arbeiten – auch in Freizeitwohnsitzen – einen Aufschwung und unterstützt den Trend zu ortsunabhängigen Arbeits- und Lebensstilen.[19] Im Zusammenhang mit der Erreichbarkeit von Freizeitwohnsitzen wird künftig insb. die Qualität des ÖV-Abschlusses an Bedeutung gewinnen, wobei insb. periphere ländliche Gebiete vielfach nur schlecht mit dem öffentlichen Verkehr zu erreichen sind.

Bezüglich der **Gebäudetypologie** kann unterschieden werden, ob es sich um Mehrparteien- (z. B. Apartmenthäuser), Einparteiengebäude (Einfamilienhaus) oder um Sonderformen (Hofstellen, Almhütten, Dauercamping) handelt. Hinsichtlich der Nutzungsansprüche ist eine Differenzierung zwischen voll ausgestatteten oder nicht voll ausgestatteten – meist nicht winterfeste, saisonale Unterkünfte – Freizeitwohnsitzen zweckmäßig, wozu etwa Kleingartenhäuser in

---

17 Dierer, 2020, S 23.
18 Dierer, 2020, S 26.
19 ÖROK, 2022, S 113.

Schrebergärten, Badehütten in Seengebieten oder Almhütten im alpinen Bereich zu zählen sind.[20] Zusätzlich zu den stationären Unterkunftstypen sind auch mobile Formen von Freizeitwohnsitzen, wie Mobilheime, Wohnwägen, Wohnmobile oder Wohnboote dieser Kategorie zuzuordnen.[21] Demgegenüber sind die vollausgestatteten Unterkünfte in der Regel auch für dauerhaftes Wohnen geeignet.

Eng mit der baulichen Struktur verknüpft sind die **rechtlichen Nutzungsverhältnisse**, wobei grundsätzlich zwischen Eigentum und Miete bzw. Pacht unterschieden werden kann. Als Sonderformen im Freizeitwohnungswesen gelten Time-Sharing-Modelle, bei denen sich mehrere Personen die Nutzungsrechte eines Freizeitwohnsitzobjektes teilen, sowie Leihe bzw. Bittleihe, bei der eine unentgeltliche, aber zeitlich beschränkte Überlassung von Zweitwohnsitzen an Bekannte oder Verwandte erfolgt.[22] Anzumerken ist, dass Buy-to-let-Modelle, bei denen es sich um Investitionsmodelle handelt, definitorisch nicht zu den Freizeitwohnsitzen zu rechnen sind, da diese grundsätzlich in Bezug auf gewerbliche Hotelbetriebe zum Einsatz kommen. Bei Buy-to-let-Modellen erfolgt in der Regel eine Parifizierung einer Hotelimmobilie mit anschließendem Verkauf der parifizierten Hoteleinheiten an Investor:innen, die in der Folge die jeweilige Einheit nicht allein und ausschließlich nutzen können, sondern dem Hotel zur touristischen Weitervermietung zur Verfügung gestellt werden muss („Rückvermietungspflicht"). Ein Bezug zu Freizeitwohnsitzen ist bei By-to-let-Modellen gegeben, wenn die Einheiten allein durch die Eigentümer:innen genutzt werden oder wenn die (planungsrechtliche) Umwandlung in Freizeitwohnsitze angestrebt wird.[23]

Auch wenn die Raumordnungsgesetze bei Freizeitwohnsitzen in der Regel nicht zwischen **Neubau und Bestand** unterscheiden – auch eine Umnutzung der bestehenden Bausubstanz muss den raumordnungsgesetzlichen Vorschriften entsprechen – , kann fallweise aus planungsfachlicher Sicht zwischen Neubau und Bestand differenziert werden. Beim Neubau von Freizeitwohnsitzen sind neben den Auswirkungen, die grundsätzlich mit der Errichtung von Gebäuden verbunden sind, (Einfluss auf Landschafts- und Ortsbild, Bodenmarkt, Zersiedlungswirkung, Infrastrukturelle Erfordernisse, …) die nutzungsspezifischen Ausprägungen von Freizeitwohnsitzen (temporäre Nutzung („kalten Betten") zu beachten.

Werden **Freizeitwohnsitze im Baubestand** realisiert, kann unterschieden werden, welche **bisherigen Nutzungen durch Freizeitwohnsitze abgelöst bzw. ergänzt** werden. Typischerweise werden in der Regel Wohngebäude umgenutzt, wobei verstärkt auch ehemalige landwirtschaftliche Bauten oder gewerbliche Beherbergungsbetriebe für Freizeitwohnsitznutzungen herangezogen werden. Je nach kulturhistorischer Bedeutung der Bausubstanz in Kombination mit standörtlichen Gegebenheiten und Sensibilitäten und je nach lokaler Nachfrage nach Wohnnutzungen oder touristischen Beherbergungsbetrieben könnte das jeweilige Nachnutzungspotenzial durch Ferienwohnsitze unterschiedlich zu beurteilen sein. Insb. wenn im bestehenden Siedlungsgefüge der Leerstand hochwertiger Bausubstanz droht, ist abzuwägen, ob Freizeitwohnsitze zugelassen werden sollen. Grundsätzlich wird die Einbindung von Freizeitwohnsitzen in den historischen Altbestand der Neuerrichtung in peripherer Lage vorzuziehen sein.[24] Insgesamt kann die spezifische Lage von Freizeitwohnsitzen im Gemeindegebiet (Kernlage, Randlage, Streulage, Alleinlage) erhebliche Unterschiede in den Auswirkungen haben, insb. in Bezug auf die Bereitstellung der technischen Infrastruktur.

Die **Lage des Freizeitwohnsitzes zum Hauptwohnsitz** hat erhebliche Relevanz bezüglich der jeweiligen Nutzungsfrequenz, die je nach Entfernung unterschiedlich ausgeprägt ist. Auch wenn die Unterschiede in den Lagebeziehungen (innerhalb der Wohngemeinde, im engeren/weiteren Umfeld von Städten, im ländlichen Raum)[25] – nach wie vor – Relevanz haben, vermischen sich in der Praxis die Auswirkungen dieser Lagekriterien infolge Digitalisierung, Covid-19-Pandemie, aber auch durch die Weitervermietung von Wohnungen durch Private zunehmend.

Hinsichtlich **Standortregionen von Freizeitwohnsitzen** kann zwischen Stadtregionen, ländlichen Verdichtungsräumen, ländlichen Tourismusregionen und ländlichen Räumen mit geringer Bevölkerungsdichte unterschieden werden, die differierenden Transformationsprozessen unterliegen und für die jeweils unterschiedliche räumliche Auswirkungen für den Wandel von Arbeit, Wohnen und Freizeit abgeleitet werden können.[26] Je nachdem, ob es sich um wachsende, stagnierende oder schrumpfende Regionen – mit landwirtschaftlichen, industriell-gewerblichen, touristischen, kulturellen oder wohnbezogenen Schwerpunkten handelt, können

---

20 ÖROK, 1987, S 16.
21 Stütz, 1989, S 15.
22 Mayer, 1997, S 22.
23 siehe Kapitel Investorenmodelle und Kurzzeitvermietungen.
24 Dierer, 2020, S 29.
25 ÖROK, 1987, S 17.
26 ÖROK, 2022, S 118ff.

Auswirkungen auf bzw. von Freizeitwohnsitzen unterschiedlich sein. Die regional unterschiedliche Nachfrageintensität nach Bauland und damit im Zusammenhang die Boden- und Wohnungspreise sowie die jeweilige „Vorbelastung" mit Freizeitwohnsitzen[27] können zusätzlich wesentliche Indikatoren für den künftigen Umgang mit Freizeitwohnsitzen sein.

Bei der **Nutzungsfrequenz** kann zwischen Ganzjahresnutzung, saisonaler Nutzung und Leerstand unterschieden werden. Auch wenn der Leerstand rechtlich in der Regel eine zulässige Nutzungsvariante darstellt, sind aus gemeindepolitischer und planungsfachlicher Sicht leerstehende Gebäude in der Regel negativ. Demzufolge haben die Gemeinden großes Interesse, die Anzahl und Dauer der „kalten Betten" zu reduzieren und – wenn neue Freizeitwohnsitze entstehen – deren Nutzungsintensität zu erhöhen. Eine Umwandlung von Freizeitwohnsitzen in dauerhaftes Wohnen ist freilich nicht an Standorten gewünscht, die infolge peripherer Lage, reduzierter Infrastrukturausstattung und urlaubsspezifischer Baustruktur für dauerhaftes Wohnen vorgesehen und geeignet sind.

---

27 Höhe des Anteil von Freizeitwohnsitzen am Gesamtbestand von Wohngebäuden.

2 PLANUNGSRECHTLICHE GRUNDLAGEN UND REGELUNGSSYSTEMATIK IM LÄNDERVERGLEICH

Freizeitwohnsitze und Zweitwohnungen sind in erster Linie durch Bestimmungen in den jeweiligen Raumordnungsgesetzen und teilweise in den Grundverkehrsgesetzen der einzelnen Bundesländer geregelt. Als „planmäßige, vorausschauende Gestaltung von Gebieten"[28] hat die **Raumordnung generell** „eine dem allgemeinen Besten dienende Gesamtgestaltung des Landesgebiets anzustreben"[29], wobei sie auf die natürlichen Gegebenheiten sowie auf die abschätzbaren wirtschaftlichen, sozialen, gesundheitlichen und kulturellen Bedürfnisse der Bevölkerung Bedacht nimmt.[30] Durch fachlich abgestimmte Standort- und Nutzungsentscheidungen sollen räumliche Konflikte minimiert und Entwicklungspotenziale unterstützt werden.

Die Raumordnungsgesetze enthalten **Ziele und teilweise Grundsätze**, durch welche die zentralen Anliegen der Raumplanung vorgegeben werden. Die Umsetzung dieser Ziele erfolgt durch ein **hierarchisches Planungsinstrumentarium**, das unterschiedliche Raumpläne auf überörtlicher und kommunaler Ebene umfasst. Raumplanerische Nutzungsvorgaben werden im Rahmen der Hoheitsverwaltung in der Regel als **Verordnungen des Gemeinderates** (örtliche Raumpläne) bzw. der Landesregierung (überörtliche Raumpläne) festgelegt.

Das **Spektrum an Instrumenten und Maßnahmen** zur Steuerung der räumlichen Entwicklung allgemein und zur Steuerung der Freizeitwohnsitze ist insge-

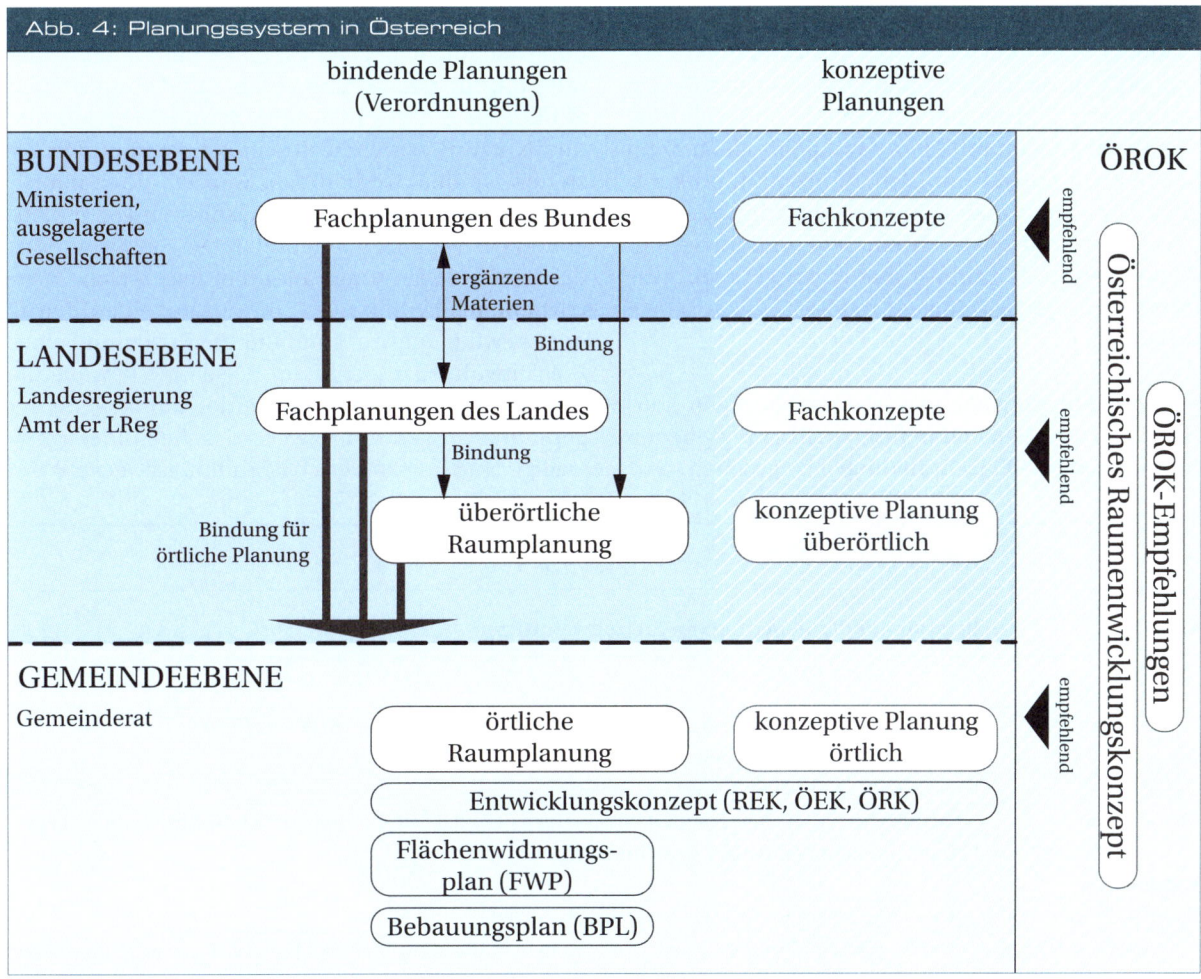

Abb. 4: Planungssystem in Österreich

Quelle: Kanonier, Schindelegger, 2018, S 77.

---

28 § 1 Abs. 2 Stmk ROG 2010.
29 § 2 Abs. 1 Vlbg RplG 1996.
30 § 1 Abs. 1 Slbg ROG 2009.

samt vielfältig. Hoheitliche Maßnahmen schränken den Handlungsspielraum der Normadressat:innen ein und legen – dem öffentlichen Interesse im Raumordnungsrecht folgend – beispielsweise bestimmte Nutzungseinschränkungen für Freizeitwohnsitze fest. Vor allem den verbindlichen Beschränkungen und Verboten für Freizeitwohnsitze kommt in der Planungspraxis (zunehmende) Bedeutung zu, während konzeptive und informelle Instrumente (Konzepte, Leitplanungen, Masterpläne etc.) sowie Maßnahmen der Kommunikation und Bewusstseinsbildung im Zusammenhang mit der Steuerung von Freizeitwohnsitzen Ergänzungsfunktionen zukommen.

Die konkrete Anwendung der raumplanerischen Festlegungen erfolgt überwiegend durch die in den Bauordnungen und Baugesetzen geregelten **Baubewilligungs- oder Anzeigeverfahren**. Im Bauverfahren werden von der kommunalen Baubehörde die Bestimmungen der Raumplanung anhand konkreter Bauführungen angewendet, wobei vielfach in einem vorgelagerten Verfahren die Eignung eines Bauplatzes für eine allfällige Bebauung baurechtlich geprüft wird (Bauplatzerklärung). Der Zusammenhang zwischen raumplanungs- und baurechtlichen Verfahren ist besonders eng, da bauliche Maßnahmen grundsätzlich nur zulässig und genehmigungsfähig sind, wenn sie den Festlegungen örtlicher Raumpläne, insb. dem Flächenwidmungs- und Bebauungsplan, entsprechen.[31] Zusätzlich sind in den Bauordnungen die jeweiligen Kontrollverfahren, Sanktionierungsmechanismen und Strafbestimmungen geregelt, was insb. im praktischen Umgang mit Freizeitwohnsitzen wesentlich ist.

Für Freizeitwohnsitze und Zweitwohnungen können somit auf **allen hierarchischen Planungsebenen Regelungen und Einschränkungen** vorgesehen sein.

2.1 Kompetenzrechtliche Einordnung

Freizeitwohnsitze und Zweitwohnungen bilden keinen eigenen Kompetenztatbestand und werden durch unterschiedliche Gesetze auf Bundes- und Landesebene adressiert. Das Bundesverfassungsgesetz (B-VG) nimmt nicht explizit Bezug auf Freizeitwohnsitze, aber erläutert den Begriff des Hauptwohnsitzes.[32] Für Liegenschaften gilt gemäß Staatsgrundgesetz (StGG) grundsätzlich die Verkehrsfreiheit. Jede/r Staatsbürger:in kann an jedem Ort des Staatsgebietes einen Wohnsitz nehmen oder eine Liegenschaft erwerben.[33] Hinzu kommt, dass gemäß **Art. 5 StGG** ein **Grundrecht auf Unversehrtheit des Eigentums** besteht. Sowohl für das Eigentumsrecht als auch für die Verkehrsfreiheit besteht die Möglichkeit der Einschränkung durch gesetzliche Regelungen. Die Meldung von Wohnsitzen hat entsprechend des Meldegesetzes zu erfolgen, wobei neben einem Hauptwohnsitz auch sogenannte „weitere Wohnsitze" gemeldet werden können.

Da **Freizeitwohnsitze** eine **spezifische Flächennutzung** darstellen, fallen sie u. a. in das raumordnungsrechtliche Regelungsregime der Länder. Über raumordnungsrechtliche Verbote und von Kriterien abhängige Einschränkungen kann die Errichtung und Nutzung von Freizeitwohnsitzen räumlich gesteuert werden. Im Baurecht werden die raumordnungsgesetzlichen Nutzungsbestimmungen in konkreten Bauverfahren umgesetzt. Die Bauordnungen der Länder legen unter anderem fest, welche Bauvorhaben bewilligungspflichtig, anzeigepflichtig oder bewilligungsfrei sind. Für die Errichtung eines Freizeitwohnsitzes ist in der Regel eine Bewilligung erforderlich, die nur erteilt werden kann, wenn der geplante Verwendungszweck des Gebäudes (zeitweilige Nutzung zu Ferien-/Erholungszwecken) mit

Tab. 1: Bundes- und landesgesetzliche Grundlagen für Freizeitwohnsitze

Materie	Relevanz für die Steuerung von Freizeitwohnsitzen
Bundesebene	
Verfassungsrecht	Definition des Hauptwohnsitzes einer Person im Bundesverfassungsgesetz (B-VG)
	Liegenschaftsverkehrsfreiheit (Art. 6 StGG)
	Unversehrtheit des Eigentums (Art. 5 StGG)
Meldewesen	Neben der Meldung eines Hauptwohnsitzes, an dem der Mittelpunkt der Lebensbeziehungen liegt, können „weitere Wohnsitze" gemeldet werden.
Landesebene	
Raumordnungsrecht	Verbot oder Beschränkung von Freizeitwohnsitzen
Grundverkehrsrecht	Verbot der Begründung von Freizeitwohnsitzen, Erklärungspflicht bei Rechtserwerb an Immobilien
Baurecht	Genehmigung von Bauvorhaben
	Kontrolle und allfällige Sanktionierung

31 Gruber et al., 2018, S 62ff.
32 Art. 6 B-VG 1930.
33 Eisenberger und Holzmann, 2021, S 21f.

der Widmungsfestlegung im Flächenwidmungsplan sowie den Vorgaben des Bebauungsplans übereinstimmt. In den Bundesländern, die umfassende raumordnungsgesetzliche Regelungen für Freizeitwohnsitze vorsehen, ist üblicherweise auch die Umnutzung eines als Hauptwohnsitz genutzten Gebäudes in einen Freizeitwohnsitz bewilligungspflichtig. Neben dem Bewilligungsverfahren sind in den Bauordnungen Kontrollbestimmungen sowie die Sanktionierung von rechtswidrigen Bauvorhaben bzw. Nutzungen geregelt.

Ergänzend hinzu kommt das **Grundverkehrsrecht** auf Länderebene,[34] das insb. Transaktionen mit Freizeitimmobilien regelt. Beim Rechtserwerb an Immobilien kann in den GVG eine Erklärungspflicht vorgesehen sein, um sicherzustellen, dass kein Freizeitwohnsitz begründet wird. Das Raumordnungs- und Grundverkehrsrecht ist in den jeweiligen Bundesländern bezüglich der Steuerung von Freizeitwohnsitzen typischerweise aufeinander abgestimmt. Tabelle 1 gibt einen Überblick über die aus raumplanerischer Perspektive relevanten Rechtsmaterien auf Bundes- und Landesebene. Zusätzlich gibt es Bezüge zu Freizeitwohnsitzen im Steuerrecht, die hier aber nicht weiter ausgeführt werden.

Seit dem EU-Beitritt Österreichs im Jahr 1995 gelten für die Begründung von Wohnsitzen diverse **unionsrechtliche Vorgaben**. Es sind durch den Mitgliedsstaat Österreich jedenfalls die Grundfreiheiten der EU zu wahren: Warenverkehrsfreiheit, Personenverkehrsfreiheit (Arbeitnehmer:innenfreizügigkeit, Niederlassungsfreiheit), Dienstleistungsfreiheit, Kapital- und Zahlungsverkehrsfreiheit.[35] Die allgemeine **Niederlassungsfreiheit** – sprich die Begründung von Freizeitwohnsitzen – kann aber sehr wohl

eingeschränkt werden. Regelungen müssen dafür in **nicht diskriminierender Weise ein im Allgemeininteresse liegendes Ziel** verfolgen, und der **Grundsatz der Verhältnismäßigkeit** muss beachtet werden.[36]

Als Grundlagen für die Diskussion der Steuerung von Freizeitwohnsitzen und Zweitwohnungen sind die **Raumordnungsgesetze der einzelnen Bundesländer** heranzuziehen, wobei in den folgenden Ausführungen ausschließlich die angeführten Kurzformen der jeweiligen Gesetze verwendet werden:

Raumordnungs- bzw. Raumplanungsgesetze
(Stand Oktober 2022)

Burgenland
→ Burgenländisches Raumplanungsgesetz 2019 (Bgld RplG)
→ LGBl. für das Bgld Nr. 49/19 idF. 42/22

Kärnten
→ Kärntner Raumordnungsgesetz 2021 (Ktn ROG)
→ LGBl. für Ktn Nr. 59/21

Niederösterreich
→ Niederösterreichisches Raumordnungsgesetz 2014 (NÖ ROG)
→ LGBl. für NÖ Nr. 3/15 idF. 97/20

Oberösterreich
→ Oberösterreichisches Raumordnungsgesetz 1994 (Oö ROG)
→ LGBl. für Oö Nr. 114/93 idF. 125/20

Salzburg
→ Salzburger Raumordnungsgesetz 2009 (Slbg ROG)
→ LGBl. für Slbg Nr. 30/09 idF. 64/22

Steiermark
→ Steiermärkisches Raumordnungsgesetz 2010 (Stmk ROG)
→ LGBl. für die Stmk Nr. 49/10 idF. 45/22

Tab. 2: Wesentliche raumplanungsrechtliche Bestimmungen für Freizeit-/Zweitwohnsitze

Bundesland	Fundstelle
Burgenland	§ 33 Abs. 3 Z 7, §§ 34, 35, 36 Bgld RplG 2019
Kärnten	§ 30, § 44 Abs. 5 Ktn ROG 2021
Niederösterreich	-
Oberösterreich	§§ 21 Abs. 2 Z 9, 23 Abs. 2 Oö ROG 1994
Salzburg	§ 5 Z 17 lit a und lit b, § 22 Abs. 2, § 30 Abs. 1 Z 9 und Abs. 9, §§ 31, 31a, 31b, § 46 Abs. 2 Z 4, § 74 Abs. 2 Z 4, § 78, § 82 Abs. 6 Slbg ROG 2009
Steiermark	§ 2 Z 41, § 27 Abs. 5 Z 1 lit e, § 30 Abs. 1 Z 10, Abs. 2 und Abs. 3 Stmk ROG 2010
Tirol	§§ 13, 13a, 14, 15, 16, 17, § 44 Abs. 3, Abs. 6 und Abs. 7, § 68 Abs. 8 lit b, § 115 Abs. 1, § 126 Abs. 6-8 TROG 2022
Vorarlberg	§ 2 Abs. 3 lit g, §§ 16, 16a, § 28 Abs. 3 lit e, § 33a, § 57 Abs. 1 lit e und f, Abs. 4-6, § 57a, § 58 Abs. 3 lit a, § 59 Abs. 4, 23, 26 Vlbg RplG 1996
Wien	-

34 Lienbacher, 2020, S 579–608.
35 Eisenberger und Holzmann, 2021, 9f.
36 EuGH 5.3.2002, C-515/99.

Tirol
→ Tiroler Raumordnungsgesetz 2022 (TROG)
→ LGBl. für Tirol Nr. 43/22 idF. 62/22
Vorarlberg
→ Vorarlberger Raumplanungsgesetz 1996 (Vlbg RplG)
→ LGBl. für Vlbg Nr. 39/96 idF. 4/22
Wien
→ Wiener Stadtentwicklungs-, Stadtplanungs- und Baugesetzbuch (BauO für Wien)
→ LGBl. für Wien Nr. 11/30 idF. 70/21

Grundsätzlich sind als wesentliche Fundstellen für die Regelungen zu Freizeit-/Zweitwohnsitzen die Paragrafen aus Tabelle 2 (siehe vorige Seite) bedeutend.

Weitere gesetzliche Grundlagen zu Freizeit-/Zweitwohnsitzen

Kärnten
→ Kärntner Zweitwohnsitzabgabegesetz
→ LGBl. für Ktn Nr. 84/05 idF 85/12
Salzburg
→ Zweitwohnsitz- und Wohnungsleerstandsabgabegesetz (ZWAG)
→ *Beschluss des Salzburger Landtages vom 6. Juli 2022, Tritt mit 1. Januar 2023 in Kraft.*
Steiermark
→ Steiermärkische Zweitwohnsitz- und Wohnungsleerstandsabgabegesetz (StZWAG)
→ LGBl. für die Stmk Nr. 46/22
Tirol
→ Tiroler Freizeitwohnsitzabgabegesetz 2019
→ LGBl. für Tirol Nr. 79/19
Vorarlberg
→ Gesetz über die Erhebung einer Abgabe von Zweitwohnsitzen
→ LGBl. für Vlbg Nr. 87/97 idF. 39/19

Durch die genannten Gesetze werden Gemeinden ermächtigt, durch Beschluss des Gemeinderates/der Gemeindevertretung eine Abgabe von Freizeit-/Zweitwohnsitzen nach den Bestimmungen des jeweiligen Gesetzes zu erheben.

Relevante Verordnungen auf Landesebene zu Freizeit-/Zweitwohnsitzen

Im Zusammenhang mit den einschlägigen Bestimmungen der ROG und Grundverkehrsgesetze der Länder gibt es teilweise die Möglichkeit bzw. den Auftrag, Teilaspekte zu Freizeit-/Zweitwohnsitzen in **Durchführungsverordnungen** zu regeln. Die Verordnungen zur Einhebung von Zweitwohnsitzabgaben werden separat angeführt und diskutiert.
Burgenland
→ Verordnung der Burgenländischen Landesregierung vom 10. Juli 2007, mit der Bestimmungen

des Burgenländischen Grundverkehrsgesetzes 2007 ausgeführt werden (Burgenländische Grundverkehrsordnung – Bgld GVVO); StF LGBl. für das Bgld 45/07 idF. 77/08
Oberösterreich
→ Verordnung der Oö Landesregierung über die Erklärung von Gebieten zu Vorbehaltsgebieten (Oö Vorbehaltsgebiete-Verordnung) StF LGBl. für Oö 134/03 idF. 61/22
Salzburg
→ Verordnung der Salzburger Landesregierung über Unterlagen zur Feststellung von Zweitwohnsitzvorhaben StF LGBl. für Slbg 16/94 idF. 29/18
Vorarlberg
→ Verordnung der Landesregierung über die Einschränkung des Geltungsbereiches der Bestimmung über Ferienwohnungen nach § 16 Abs. 3 erster Satz und 4 des Raumplanungsgesetzes StF LGBl. für Vlbg Nr. 47/93 idF 59/02

2.2 Begriffsdefinitionen

Eine durchaus relevante **Herausforderung** im Zusammenhang mit der Diskussion von Steuerungsmechanismen von Freizeitwohnsitzen ist das **diverse Begriffsverständnis** in den jeweiligen Landesgesetzen sowie in Fachpublikationen. Die Landesgesetzgeber definieren Begriffe in erster Linie in den ROG und teilweise in den Grundverkehrsgesetzen (GVG), wobei über die Jahre immer wieder Inkonsistenzen durch die dynamische Änderungspraxis auftreten. Die folgende Tabelle 3 soll einen systematischen Überblick der existierenden Legaldefinitionen geben.

Der tabellarische Überblick der Fundstellen der **jeweiligen Definitionen** von **Ferienwohnungen, Freizeitwohnsitzen, Zweitwohnsitzen und Zweitwohnungen** (siehe Tabelle 3) zeigt einerseits die etwas verwirrende Begriffsvielfalt und andererseits, dass nur Niederösterreich und Wien über keinerlei Definitionen und planungsrechtliche Bestimmungen verfügen.

Die jeweiligen Definitionen nutzen unterschiedliche Definitionsgegenstände: (i) Wohnungen/Wohnsitz/Wohneinheiten, (ii) Gebäude oder Teile von Gebäuden und in Oberösterreich bezieht sich die Begriffsdefinition auf (iii) Bauwerke. Erstere können als Top in einem Geschoßwohnbau oder auch Wohneinheit in einem Ein- oder Mehrfamilienhaus verstanden werden. Gebäude und Teile von Gebäuden sind in erster Linie einzelne Wohneinheiten, mit Bauwerken wird der allgemeinste Begriff gewählt.

Die **eigentliche Begriffsdefinition** erfolgt **über entsprechende Nutzungskriterien**, die in der Regel abschließend aufgelistet werden. Wenn auch unterschiedliche Begriffe genutzt werden, sind die wesent-

Tab. 3: Bundes- und landesgesetzliche Grundlagen für Freizeitwohnsitze

Rechtliche Grundlage	Begriff	Definitionsgegenstand	Kriterien	Ausnahmen	Zusätzliche Begriffe
§ 34 Abs. 1 Bgld RplG	Ferien wohnhaus	Gebäude, das mehr als drei geschlossene Wohneinheiten oder eine Wohnnutzfläche von mehr als 300 m^2 umfasst.	Nach Lage, Ausgestaltung oder Rechtsträger überwiegend nicht der dauernden Wohnversorgung der ortsansässigen Bevölkerung dienen; neben einem Hauptwohnsitz nur vorübergehend benützt werden und; nicht unmittelbar zu einem Gastgewerbebetrieb gehören.	-	Feriensiedlung (Feriendorf) Ferienzentrum
§ 5 Abs. 1 Ktn GvG	Freizeit wohnsitze	Wohnsitz	Wohnsitz, der zum Aufenthalt während des Wochenendes, des Urlaubs, der Ferien oder sonst zeitweilig zu Freizeit- und Erholungszwecken dient.	Wohnsitznahme in Gastgewerbebetrieben oder in Wohnräumen im Rahmen der Privatzimmervermietung	-
§ 30 Abs. 3 Ktn ROG	Freizeitwohnsitze	Wohngebäude oder Wohnungen	Wohngebäude …, das nicht der Deckung eines dauernden, mit dem Mittelpunkt der Lebensbeziehungen verbundenen, Wohnbedarfes dient, sondern überwiegend während des Wochenendes, des Urlaubes, der Ferien oder nur zeitweilig als Zweitwohnung benützt werden soll.	-	Apartmenthäuser, Hoteldörfer
NÖ	-	-	-	-	-
§ 2 Abs. 6 Oö GvG	Freizeitwohnsitz	Gebäude bzw. Teil eines Gebäudes (Wohnung)	nicht zur Deckung eines ganzjährig gegebenen Wohnbedarfs, sondern zum Aufenthalt während des Wochenendes, des Urlaubs, der Ferien oder sonst nur zeitweilig zu Erholungszwecken	Freizeitwohnsitze können nicht begründet werden: in Gastgewerbebetrieben zur Beherbergung von Gästen; in Kur- und Erholungsheimen; in Wohnräumen, die im Rahmen der Privatzimmervermietung verwendet werden; in Wohnwägen oder Mobilheimen, die auf bewilligten Campingplätzen oder sonst kürzer als zwei Monate abgestellt werden.	-
§ 23 Abs. 2 Oö ROG	Zweitwohnungsgebiete	Bauwerke	zur Deckung des Wohnbedarfs während des Wochenendes, des Urlaubes, der Ferien oder eines sonstigen nur zeitweiligen Wohnbedarfes	-	-
§ 5 Z 17 Slbg ROG	Zweitwohnungen	Wohnung		Hauptwohnsitz touristische Beherbergung von Gästen für land- oder forstwirtschaftliche Zwecke, wie etwa die Bewirtschaftung von Almen oder Forstkulturen für Zwecke der Ausbildung	Apartmenthaus Apartmenthoteltouristische Beherbergung

Tab. 3 (Fortsetzung): Bundes- und landesgesetzliche Grundlagen für Freizeitwohnsitze

Rechtliche Grundlage	Begriff	Definitions-gegenstand	Kriterien	Ausnahmen	Zusätzliche Begriffe
				oder der Berufsausübung, soweit dafür ein dringendes Wohnbedürfnis besteht für Zwecke der notwendigen Pflege oder Betreuung von Menschen, für sonstige Zwecke, die den Raumordnungszielen gemäß ... nicht entgegenstehen, wobei die Landesregierung diese durch Verordnung zu bezeichnen hat.	-
§ 2 Abs. 1 Z 41 Stmk ROG	Zweit-wohnsitz	Wohnsitz	der ausschließlich oder überwiegend dem vorübergehenden Wohnbedarf zum Zwecke der Erholung oder Freizeitgestaltung dient.	Ein Zweitwohnsitz liegt nicht vor bei einer Verwendung für die touristische Beherbergung und zur Deckung eines dringenden Wohnbedürfnisses für Zwecke der Ausbildung, der Berufsausübung und der notwendigen Pflege oder Betreuung von Menschen.	-
§ 19 Stmk GvG	Zweit-wohnsitz	Wohnsitz	der ausschließlich oder überwiegend dem vorübergehenden Wohnbedarf zum Zwecke der Erholung oder Freizeitgestaltung dient.	-	-
§ 13 Abs. 1 TROG	Freizeit-wohnsitze	Gebäude, Wohnungen oder sonstige Teile von Gebäuden	die nicht der Befriedigung eines ganzjährigen, mit dem Mittelpunkt der Lebensbeziehungen verbundenen Wohnbedürfnisses dienen. zum Aufenthalt während des Urlaubs, der Ferien, des Wochenendes oder sonst nur zeitweilig zu Erholungszwecken	Gastgewerbebetriebe zur Beherbergung von Gästen (mit Ausnahmen) Kur- und Erholungsheime ... Gebäude mit höchstens drei Wohnungen mit insgesamt höchstens zwölf Betten, die während des Jahres jeweils kurzzeitig an wechselnde Personen vermietet werden (Ferienwohnungen) Wohnräume, die der Privatzimmervermietung dienen.	Ferien-wohnungen
§ 16 Abs. 2 Vlbg RplG	Ferien-wohn-ungen	Wohnungen oder Wohnräume	die nicht der Deckung eines ganzjährig gegebenen Wohnbedarfs dienen, sondern während des Urlaubs, der Ferien oder sonst zu Erholungszwecken nur zeitweilig benützt werden.	die Zwecken der gewerblichen Beherbergung von Gästen oder der Privatzimmervermietung dienen, wenn tagsüber die ständige Anwesenheit einer Ansprechperson gewährleistet ist. Mobilheime und Bungalows auf Campingplätzen	-
Wien	-	-	-	-	-

lichen Kriterien weitgehend gleich und nennen insb. den zeitweiligen Aufenthalt für Erholungszwecke, vor allem während Urlaubs- und Ferienzeiten. Nach § 30 Ktn ROG ist beispielsweise ein (sonstiger) Freizeitwohnsitz

„…ein Wohngebäude, eine Wohnung oder ein sonstiger Teil eines Gebäudes, das nicht der Deckung eines dauernden, mit dem Mittelpunkt der Lebensbeziehungen verbundenen, Wohnbedarfes dient, sondern überwiegend während des Wochenendes, des Urlaubes, der Ferien oder nur zeitweilig als Zweitwohnung benützt werden soll."

Eine ähnliche Bestimmung sieht das Oö Grundverkehrsgesetz vor,[37] wonach

„…ein Freizeitwohnsitz einer Person im Sinn dieses Landesgesetzes ist bzw. wird in einem Gebäude bzw. in einem Teil eines Gebäudes (Wohnung) begründet, in dem sie sich in der Absicht niedergelassen hat bzw. niederlässt, ihn nicht zur Deckung eines ganzjährig gegebenen Wohnbedarfs, sondern zum Aufenthalt während des Wochenendes, des Urlaubs, der Ferien oder sonst nur zeitweilig zu Erholungszwecken zu verwenden."

Obwohl in Salzburg und der Steiermark der Begriff Zweitwohnung bzw. Zweitwohnsitz genutzt wird, ist das Verständnis ähnlich dem von Freizeitwohnsitzen in Kärnten, Oberösterreich und Tirol sowie von Ferienwohnungen in Vorarlberg. Einen Sonderweg bei der Begriffsdefinition beschreitet Salzburg, in dem es eine Negativdefinition vornimmt und im Slbg ROG auflistet, was nicht als Zweitwohnung gilt.

Im eigentlichen Wortsinn ist der **Begriff der Zweitwohnung weiter gefasst** und bezieht nicht nur Nutzungen zur Urlaubs- und Erholungszwecken, sondern auch die zeitweilige Nutzung für Ausbildungszwecke, im Zuge der Berufstätigkeit oder etwa zur Pflege von Angehörigen ein. Derartige Nutzungen möchte der Gesetzgeber mit restriktiven Bestimmungen aber in der Regel nicht erfassen. Die betreffenden Bestimmungen in den Raumordnungsgesetzen formulieren daher umfangreiche **Ausnahmekriterien**, wie etwa im Vlbg RplG:

„Nicht als Ferienwohnung gelten Wohnungen und Wohnräume, die Zwecken der gewerblichen Beherbergung von Gästen oder der Privatzimmervermietung dienen, wenn tagsüber die ständige Anwesenheit einer Ansprechperson gewährleistet ist. Verfügungsrechte über Wohnungen und Wohnräu-

me, die über den üblichen gastgewerblichen Beherbergungsvertrag hinausgehen, schließen die Annahme einer gewerblichen Beherbergung jedenfalls aus. Ebenfalls nicht als Ferienwohnungen gelten Mobilheime und Bungalows auf Campingplätzen nach dem Campingplatzgesetz." [38]

Die Nutzung von Wohnungen und Wohnräumen für Ausbildungszwecke, aus Gründen der Pflege und aus beruflichen Gründen sowie Campingplätze (Mobilheime, Bungalows) und Wohnungen und Wohnräume, die gewerblich oder im Rahmen der Privatzimmervermietung vermietet werden, gelten nicht als Freizeitwohnsitz, Ferienwohnung, Zweitwohnsitz oder Zweitwohnungen im Sinn der jeweiligen Raumordnungsgesetze der Länder.

Dementsprechend liegt es nahe, sich auf die Nutzung des Begriffs des **Freizeitwohnsitzes** für die weitere Studie zu verlegen, der verallgemeinernd durch folgende Kriterien charakterisiert werden kann:
→ temporäre und nicht durchgängige Nutzung von Wohneinheiten
→ keine Verwendung als Hauptwohnsitz (kein Lebensmittelpunkt);
→ Nutzung für Freizeit und Erholung, während des Wochenendes, des Urlaubs, der Ferien;
→ keine gewerbliche oder privatzimmerbezogene Nutzung.

Anzumerken ist, dass **Leerstand** nicht von Freizeitwohnsitzdefinitionen erfasst wird. Wohnungen und Gebäude nicht zu nutzen und damit leer stehen zu lassen, ist grundsätzlich raumordnungsrechtlich ebenso zulässig, wie eine dauerhafte Nutzung für Wohnzwecke. Leer stehende Wohnungen können auch periodisch für Zwecke der Instandhaltung betreten werden und ggf. kann auch darin übernachtet werden.

Die Darstellung der existierenden Legaldefinitionen von Freizeitwohnsitzen zeichnet ein schillerndes Bild. Obwohl unterschiedliche Begriffe genutzt werden, zielen die Definitionen und Restriktionen überwiegend auf die zeitweilige Nutzung zu Urlaubs- und Erholungszwecken ab.

---

37 Die Terminologie im Oö GVG (Freizeitwohnsitze) unterscheidet sich vom Oö Tourismusabgabe-Gesetz (Ferienwohnungen gemäß § 2 Abs. 4), wobei die jeweiligen Definitionen überwiegend übereinstimmen.
38 § 16 Abs. 2 Vlbg RplG 1996.

2.3 Raumordnungsrechtliche Ziele und öffentliche Interessen bezüglich Freizeitwohnsitze

Die ROG der Länder enthalten **Raumplanungsziele**, durch die das **öffentliche Interesse** an der räumlichen Entwicklung normiert wird und welche den inhaltlichen Rahmen vorgeben, an denen sich raumplanerische Maßnahmen zu orientieren haben.[39] Die umfangreichen Zielkataloge (sowie in einzelnen Ländern die Grundsätze) verdeutlichen die „höchst komplexen Interessengeflechte, die es mit Mitteln des Raumordnungs- bzw. Raumplanungsrechts einem möglichst sachgerechten Ausgleich zuzuführen gilt".[40] Während in der Regel Grundsätze allgemein bei allen Planungsmaßnahmen gelten und entscheidungsleitend sein sollen, sind Ziele gegeneinander abzuwägen und je nach Planungsmaßnahme unterschiedlich zu gewichten. Eine trennscharfe Differenzierung zwischen „allgemeingültigen" Grundsätzen und „abzuwägenden" Zielen ist fallweise problematisch, zumal inhaltliche Überschneidungen vorliegen.

Die Raumordnungsziele geben die öffentlichen Interessen für die praktische Anwendung bei planerischen Maßnahmen der örtlichen Raumplanung vor. Die Bedeutung der Ziele drückt sich auch in der von Rechtsprechung und Lehre vertretenen Theorie der „finalen Determinierung" des Planungshandelns aus, wonach sich die verfassungsmäßige Gesetzesbindung im Wesentlichen auf die korrekte Zielkonkretisierung in den gesetzlich vorgesehenen Planungsinstrumenten und den entsprechenden Verfahren beschränkt.[41] An den Zielbestimmungen haben sich alle Vollzugsakte des Landes und der Gemeinden, welche die ROG als Grundlage haben bzw. sich auf diese beziehen, auszurichten.[42] Der jeweiligen begrifflichen Gewichtung durch die Landesgesetzgeber kommt erhebliche Bedeutung zu, weil die Raumordnungsziele und -grundsätze Grundlage aller weiteren Planungsmaßnahmen sind. Die inhaltlich umfangreichen Planungsziele weisen auch Zielkonflikte auf, die infolge der „Pluralität der Raumordnungsziele" grundsätzlich einer Interessenabwägung, Wertung und Sachverhaltsprüfung unterliegen.[43] Bei konkreten Planungsmaßnahmen können demzufolge Raumordnungsziele insb. im Rahmen der jeweiligen Interessenabwägung unterschiedlich bewertet werden, was schlussendlich wesentlichen Einfluss auf die Planungsentscheidung haben kann. „Von den zuständigen Planungsträger:innen müssen Prioritä-

ten gesetzt werden, ohne die anderen Zielsetzungen vollständig außen vor zu lassen."[44]

Bei Durchsicht der Zielkataloge in den Raumordnungsgesetzen fällt auf, dass es kaum explizite Bezüge zu Freizeitwohnsitzen gibt. Deutlich ist nur eine Zielbestimmung im Vlbg RplG, wonach gemäß § 2 Abs. 3 lit g Vlbg RplG **die zur Deckung eines ganzjährig gegebenen Wohnbedarfs benötigten Flächen nicht für Ferienwohnungen verwendet werden** sollen. Der Gesetzgeber macht durch die Zielformulierung deutlich, dass dauerhaftem Wohnen eindeutig der Vorzug gegenüber lediglich zeitweilig genutzten Ferienwohnungen gegeben werden soll.

Die Zielkataloge der ROG wurden in den letzten Jahren generell intensiv überarbeitet und erweitert (z. B. wurden fast in allen Raumordnungsgesetzen der Klimaschutz, leistbares Wohnen oder Energieraumplanung aufgenommen), wobei Ziele zum **Umgang mit Freizeitwohnsitzen in der Regel nur implizit** verankert wurden. Die Gesetzgeber vermeiden in diesem Zusammenhang überwiegend negative Formulierungen („Verbot von Freizeitwohnsitzen") und benennen als Raumordnungsziel positive Handlungsaufträge („vorrangig die Deckung des ganzjährig gegebenen Wohnbedarfes der Bevölkerung"). Das neue Ktn ROG sieht die Siedlungsentwicklung zur vorrangigen Deckung des ganzjährigen Wohnbedarfs der Bevölkerung sogar als gesetzlichen Grundsatz vor, was insofern beachtlich ist, da Grundsätze bei Planungsentscheidungen jedenfalls anzuwenden sind.

Das Slbg ROG hat eine ähnliche Zielbestimmung zur Deckung des ganzjährigen Wohnbedarfs, wonach Flächen nicht bloß für eine zeitweilige Wohnnutzung verwendet werden sollen. Das TROG sieht in seinen Zielen ebenfalls die Ausweisung ausreichender Flächen zur Befriedigung des dauernden Wohnbedarfes der Bevölkerung zu leistbaren Bedingungen vor. Beachtlich ist, dass einige Raumordnungsgesetze keinen unmittelbaren Bezug zu Freizeitwohnsitzen oder dauerhaftem Wohnen herstellen. Das Fehlen freizeitwohnsitzbezogener Zielbestimmungen überrascht insofern, als sich demzufolge aus den teilweise neuen Zielkatalogen kaum Hinweise auf (neue) öffentliche Planungsinteressen bezüglich der Einschränkung von Freizeitwohnsitzen ableiten lassen. Auch wenn der Zielkatalog „nur eine beispielhafte Aufzählung der zu beachtenden Planungsziele"[45] darstellt, ist die

39 Pernthaler, Fend, 1989, S 81. Gruber et al., 2018, S 56ff.
40 Wessely, 2006, S 356.
41 Pernthaler, Fend, 1989, S 81. vgl. zur Bindungskraft der Raumordnungsziele auch Berka, 1996, S 74.
42 Leitl, 2006, S 110.
43 Pernthaler, Fend, 1989, S 80.
44 Gruber et al., 2018, S 58.
45 Kirchmayer, 2008, S 44 (zu § 1).

Tab. 4: Übersicht: Freizeitwohnsitze in Grundsätzen und Zielen im Raumordnungsrecht

Bundesland	Gesetze	Regelungsbereich	Bestimmungen
Kärnten	§ 2 Abs. 2 Z 4 Ktn ROG	Grundsätze der Raumordnung	Die Siedlungsentwicklung hat sich an den bestehenden Siedlungsgrenzen und an den bestehenden oder mit vertretbarem Aufwand zu schaffenden Infrastruktureinrichtungen zu orientieren, wobei auf deren größtmögliche Wirtschaftlichkeit Bedacht zu nehmen ist. Bei der **Siedlungsentwicklung** sind **vorrangig die Deckung des ganzjährig gegebenen Wohnbedarfes der Bevölkerung** und die Schaffung der räumlichen Voraussetzungen für eine leistungsfähige Wirtschaft anzustreben.
Salzburg	§ 2 Abs. 1 Z 7 lit d Slbg ROG	Ziele der Raumordnung	Das Siedlungssystem soll derart entwickelt werden, dass zur **Deckung eines ganzjährig gegebenen Wohnbedarfes** benötigte Flächen nicht für eine bloß zeitweilige Wohnnutzung verwendet werden.
Tirol	§ 1 Abs. 2 lit g TROG	Ziele der überörtlichen Raumordnung	Erhaltung und Weiterentwicklung der Siedlungsgebiete zur **Deckung des Wohnbedarfes** der Bevölkerung
	§ 27 Abs. 2 lit d TROG	Ziele der örtlichen Raumordnung	die Ausweisung ausreichender Flächen zur Befriedigung des **dauernden Wohnbedarfes der Bevölkerung** zu leistbaren Bedingungen
Vorarlberg	§ 2 Abs. 3 lit g Vlbg RplG	Ziele der Raumplanung	Die zur **Deckung eines ganzjährig gegebenen Wohnbedarfes** benötigten Flächen sollen nicht für Ferienwohnungen verwendet werden.

fehlende gesetzliche Schwerpunktsetzung auffallend, zumal die Raumordnungsgesetze in der Folge teilweise erhebliche Einschränkungen für Freizeitwohnsitze bestimmen.

Auch ohne explizite Nennung in den Zielkatalogen liegt es auf der Hand, dass Freizeitwohnsitze im Konflikt mit anderen Zielen und Grundsätzen stehen. Das betrifft vor allem Zielsetzungen zur Zersiedelungsabwehr,[46] da Freizeitwohnsitze in den letzten Jahren verstärkt in sogenannten Chalets in Einzellagen forciert wurden. Es besteht aber auch ein Widerspruch zum sparsamen Umgang mit Grund und Boden, der Erhaltung der natürlichen Lebengrundlagen, Schutz des Orts- und Landschaftsbildes und der Sicherung von Wohnbedürfnissen zu leistbaren Preisen.

2.4 Vorgaben der überörtlichen Raumplanung

Die raumordnungsgesetzlichen Grundsätze und Ziele richten sich (zunächst) an die überörtliche Raumplanung und legen **öffentliche Interessen** für Maßnahmen **auf überörtlichen Planungsebenen** fest. Träger der überörtlichen Raumplanung ist durchwegs die Landesregierung,[47] die im hoheitlichen Bereich durch Verordnungen überörtliche Raumpläne aufzustellen hat.[48]

Der überörtlichen Raumplanung stehen im Bereich der Hoheitsverwaltung **mehrere Planungstypen** zur Verfügung, die abgestufte Ziele und Maßnahmen enthalten können. Vereinfacht sind Instrumente der überörtlichen Raumplanung landesweite, regionale und sektorale Raumordnungsprogramme, die in der Regel verordnet werden. In zunehmendem Maße werden auf Landes- oder Regionsebene Konzepte, Strategien, Leitbilder u. dgl. verfasst, die durchwegs informellen Charakter haben, wobei sowohl die verbindlichen als auch die konzeptiven Instrumente neben textlichen Zielen und Maßnahmen auch planerische Festlegungen enthalten können.[49] Die von den zuständigen Landesregierungen erlassenen überörtlichen Raumpläne binden durchwegs die Landesregierung selbst und richten sich an die örtliche Raumplanung der Gemeinden. Zwar fällt die örtliche Raumplanung in den eigenen Wirkungsbereich der Gemeinden, jedoch haben die Gemeinden

---

46 Siehe z. B. § 2 Abs. 1 Z 6 Ktn ROG, § 2 Abs. 1 Z 7 Oö ROG, § 3 Abs. 1 Z 2 Stmk ROG.
47 Zu beachten sind Regionalverbände bzw. regionale Planungsverbände insb. in Slbg und Tirol, denen regionale Planungsaufgaben zukommen.
48 Vgl. Fröhler und Oberndorfer, 1986.
49 Gruber et al. 2018, 88ff.

gemäß Art. 118 Abs. 4 B-VG die Angelegenheiten des eigenen Wirkungsbereiches im Rahmen der Gesetze und Verordnungen des Bundes und des Landes zu besorgen. Verordnete überörtliche Raumpläne haben demzufolge unmittelbare Rechts- und Bindungswirkung für die kommunalen Planungsträger:innen. Die Bindungswirkung ergibt, dass örtliche Raumpläne, insb. örtliche Entwicklungskonzepte und Flächenwidmungspläne, die überörtlichen Raumplänen widersprechen, gesetzwidrig sind.[50]

Die Bundesländer sehen **unterschiedliche überörtliche Festlegungen** vor, um Freizeitwohnsitze zu beschränken. Zu differenzieren ist dabei zwischen:

→ **unterschiedliche Rechtsmaterien:** Einzelne Länder sehen überörtliche Beschränkungen entweder im Raumordnungsrecht oder im Grundverkehrsrecht vor.

→ **unterschiedliche Regelungssystematik:** Einerseits werden Beschränkungen für Widmungen oder bescheidmäßige Genehmigungen von Freizeitwohnsitzen ermöglicht bzw. vorgegeben, andererseits werden Rechtserwerbe an Erklärungspflichten gebunden bzw. sind Rechtserwerbe zu Freizeitwohnsitzzwecken verboten.

Die Raumordnungsgesetze der Länder sehen für die überörtliche Raumplanung – teilweise mit komplementären Bestimmungen in den Grundverkehrsgesetzen – folgende überörtliche Steuerungsansätze vor:

→ **Quotenregelungen,** die zusätzliche Freizeitwohnsitze ab einem rechtlich verankerten Schwellenwert verbieten. Zu unterscheiden ist zwischen
  → gesetzlich vorgegebenen Quoten und
  → Quoten in Verordnungsform
→ **Vorbehalts- und Beschränkungsgemeinden,** die bei Erfüllung von Voraussetzungen oder auf Antrag per Verordnung der Landesregierung in Kraft treten.
→ Spezifische **Bestimmungen** zu Freizeitwohnsitzen durch die Landesregierung in **überörtlichen Programmen und Plänen.**

Der **länderweite Vergleich** verdeutlicht, dass die Zulassung für Freizeitwohnsitze raumordnungsrechtlich nicht in erster Linie durch überörtliche Planungsmaßnahmen beeinflusst wird, sondern – wenn überhaupt – durch die örtlichen Widmungsfestlegungen gesteuert wird, für welche die Raumordnungsgesetze teilweise umfangreiche Kriterien vorsehen (siehe Kapitel örtliche Raumplanung).

2.4.1 Gesetzliche Ferienwohnungsquoten

Eine Ferienwohnungsquote bezieht sich in der Regel auf die tatsächlich existierenden Ferienwohnungen im Verhältnis zu den Wohnungen insgesamt, wobei die Anforderungen an die vollständige Erfassung von Freizeitwohnsitzen durch die Gemeinden beträchtlich sein können. Die Festsetzung **quantitativer Quoten für Freizeitwohnsitze** für die kommunale Ebene erscheint ein probates und vermeintlich unkompliziertes Instrument zu sein, um negative Effekte des Freizeitwohnsitzwesens durch einen zu hohen Anteil im Verhältnis zu Hauptwohnsitzen zu verhindern. Dementsprechend würde man derartige Quoten vorweg auch in allen ROG bzw. RplG der Länder vermuten. Im Detail zeigt die Betrachtung dieses Instruments jedoch, wie komplex und aufwendig die Umsetzung solcher Bestimmungen in der Planungspraxis ist, während der Steuerungsaspekt auf kommunaler Ebene mitunter gering ist und teilweise lediglich eine regionale Verdrängung bedeuten kann.

Aus der Gegenüberstellung in Tabelle 5 ist unschwer zu erkennen, dass die **Diskussion von Schwellenwerten bzw. Quoten** zur Regulierung des Anteils der Zweit-/Ferienwohnungen am Gesamtwohnungsbestand vordringlich in alpinen Bundesländern verfolgt wird. In Vorarlberg besteht zwar die Verordnungsermächtigung für die Landesregierung, um eine konkrete Ferienwohnungsquote festzulegen, eine konkrete Quote gibt es aber aktuell noch nicht.

Freizeitwohnsitzquote – Burgenland

Die Entwicklung von Freizeitwohnsitzen im Burgenland unterliegt grundsätzlich **einer Quotenregelung,** die im **Grundverkehrsgesetz** normiert wird. Das Bgld GVG 2007 sieht bereits in den Zielbestimmungen vor, dass insb. im Interesse des Bedarfs an Baugrundstücken für Wohn- und Betriebszwecke, für Nutzungen zu Freizeitzwecken Beschränkungen vorzusehen sind.[51] Als Nutzung für Freizeitzwecke im Sinn des Bgld GVG 2007 wird dabei in erster Linie jene durch Freizeitwohnsitze verstanden. Diese umfassen per Definition Wohnsitze, die ausschließlich oder überwiegend dem vorübergehenden Wohnbedarf für Zwecke der Erholung oder Freizeitgestaltung dienen.[52] Gewerblich geführte Beherbergungseinrichtungen, Wohnräume im Rahmen der Privatzimmervermietung etc. sind sinngemäß nicht von der Eigenschaft als Freizeitwohnsitz umfasst.

---

50 Leitl, 2006, S 111.
51 § 1 Abs. 1 Z 2 Bgld GVG 2007.
52 § 2 Abs. 6 Bgld GVG 2007.

Tab. 5: Begriffsbestimmung und Definitionen

Bundesland	Gesetzliche Bestimmungen	
Burgenland	§ 8 Abs. 2 Bgld GVG 2007	*Die Landesregierung hat ... durch Verordnung Gemeinden ... zu **Vorbehaltsgemeinden** zu erklären. Die Voraussetzung ... ist jedenfalls erfüllt, wenn in einer Gemeinde der Anteil der Gebäude mit Freizeitwohnungen an den Gebäuden insgesamt **mehr als 15 %** beträgt.*
Kärnten	-	-
Niederösterreich	-	-
Oberösterreich	-	-
Salzburg	§ 31 Abs. 4 Z 2 Slbg ROG 2009 idF 9/16	*Die Ausweisung von Zweitwohnungsgebieten ist nicht zulässig, wenn ... der **Anteil der Zweitwohnungen** am gesamten Wohnungsbestand in der Gemeinde bereits **10 %** übersteigt.*
	§ 31 Abs. 1 Z 1 Slbg ROG 2009 idF 64/22	*Die Verwendung einer Wohnung als Zweitwohnung ist raumordnungsrechtlich beschränkt ... in Gemeinden, in denen der **Anteil an Wohnungen, die nicht als Hauptwohnsitz verwendet werden**, **16 %** des gesamten Wohnungsbestandes in der Gemeinde übersteigt.*
Steiermark	§ 30 Abs. 1 Z 10 Stmk ROG 2010 zweiter Satz	*Das **Verhältnis** der Zweitwohnsitze zu den sonstigen Wohnsitzen im Gemeindegebiet **soll nicht den Faktor 0,5 und darf nicht den Faktor 1 überschreiten**.*
Tirol	§ 13 Abs. 5 TROG 2022 StF 43/22	*Die Schaffung neuer Freizeitwohnsitze darf nicht mehr für zulässig erklärt werden, wenn der Anteil der aus dem Verzeichnis der Freizeitwohnsitze ... sich ergebenden Freizeitwohnsitze an der Gesamtzahl der Wohnungen entsprechend dem endgültigen Ergebnis der jeweils letzten Gebäude- und Wohnungszählung **8 v. H.** übersteigt. Dabei bleiben Freizeitwohnsitze, für die eine Ausnahmebewilligung ... vorliegt, außer Betracht.*
Vorarlberg	§ 16a Abs. 4 Vlbg RplG 1996 idF 4/22	*Die Landesregierung hat ... durch Verordnung den höchstzulässigen Anteil der Ferienwohnungen ... im Verhältnis zur Gesamtzahl der im Gebäude- und Wohnungsregister eingetragenen Wohnungen je Gemeinde festzulegen (**Ferienwohnungsquote**). In dieser Verordnung kann für strukturschwache Gemeinden, wie Gemeinden mit rückläufiger Bevölkerungsentwicklung, ein höherer Anteil festgelegt werden ...; einen solchen höheren Anteil kann die Landesregierung von Amts wegen oder auf Antrag der jeweiligen Gemeinde festlegen.*
Wien	-	-

Die Landesregierung kann Gemeinden, in denen das Verhältnis der Freizeitwohnsitze zu den Hauptwohnsitzen erheblich über dem Landesdurchschnitt liegt oder die Anzahl der Freizeitwohnsitze aus Sicht der Raumplanung der Ortsentwicklung entgegenstehen, zu **Vorbehaltsgemeinden** erklären.[53] Jedenfalls als Vorbehaltsgemeinde auszuweisen sind jene Gemeinden, in denen der Anteil der Gebäude mit Freizeitwohnsitzen an den Gebäuden insgesamt **mehr als 15 %** beträgt. Bei der Feststellung des Anteils sind Freizeitwohnsitze, die in gewidmeten Baugebieten für Erholungs- und Fremdenverkehrseinrichtungen liegen, nicht zu berücksichtigen.[54] Werden Gemeinden per Verordnung zu Vorbehaltsgemeinden erklärt, müssen Rechtserwerber:innen erklären, dass das gegenständliche Baugrundstück nicht als Freizeitwohnsitz genutzt wird.[55] Eine Erklärungspflicht besteht nicht, wenn das Grundstück oder der betreffende Teil innerhalb der letzten fünf Jahre bereits als Freizeitwohnsitz genutzt wurde.[56] Wird die Erklärung nicht rechtzeitig abgegeben, kommen die Strafbestimmungen des Bgld GVG 2007 zur Anwendung.[57]

Die Burgenländische Regelung zu Freizeitwohnsitzquoten stellt damit grundsätzlich eine konkrete **quantitative Quote** für Freizeitwohnsitze **außerhalb von Baugebieten für „Erholungs- und Tourismuseinrichtungen"** gemäß § 33 Abs. 3 lit 7 Bgld RplG 2019 dar.

53 § 8 Abs. 1 Bgld GVG 2007.
54 § 8 Abs. 2 Bgld GVG 2007.
55 § 9 Abs. 1 Z 1 Bgld GVG 2007.
56 § 10 Abs. 1 Z 3 Bgld GVG 2007.
57 § 32 Bgld GVG 2007.

Mit dem Bgld GVG 2007 wurde gegenüber dem Bgld GVG 1995 die **Genehmigungspflicht im Baulandgrundverkehr abgeschafft.** Beim Erwerb eines Baugrundstückes hatte der/die Rechtserwerber:in u. a. zu erklären, ob der Erwerb für Ferienzwecke, eben nicht für Ferienzwecke erfolgt oder eine Genehmigung zu beantragen.[58] Die Genehmigung eines Freizeitwohnsitzes war nur für bereits bestehende Freizeitwohnsitze möglich bzw. wenn soziale, volkswirtschaftliche oder kulturelle Interessen dafür sprachen.[59] Die aktuelle Systematik der Vorbehaltsgemeinden ebenso wie die 15-Prozent-Quote waren im Bgld GVG 1995 bereits entwickelt und enthalten.

Für die **Festsetzung der Quote auf 15 %** ergibt sich aus dem unmittelbaren Zusammenhang der Bestimmung keine sachliche Begründung. Derzeit hat die Landesregierung mittels der Burgenländischen Grundverkehrsordnung (Bgld GVVO) folgende Gemeinden als **Vorbehaltsgemeinden** festgelegt: *Bad Sauerbrunn, Kittsee, Potzneusiedl.*[60] In der ersten Kundmachung des Bgld GVVO 2007 waren dahingegen noch sieben Gemeinden als Vorbehaltsgemeinden festgelegt: *Frankenau-Unterpullendorf, Kaisersdorf, Kobersdorf, Neudorf, Pilgersdorf, Potzneusiedl, Weiden bei Rechnitz.*[61]

Bezogen auf die existierende **Quotenregelung** gibt es einige Aspekte, die im Hinblick auf die Steuerungswirkung und Exekution diskutiert werden können. Die quantitative **Quote von 15 %** der Gebäude mit Freizeitwohnsitzen an den Gebäuden insgesamt bedeutet bei einer engen Auslegung, dass jedes Gebäude, in dem eine Nutzung als Freizeitwohnsitz vorliegt, insgesamt für die Berechnung als Freizeitwohnsitz-Gebäude heranzuziehen ist. Handelt es sich dabei lediglich um Gebäude mit ein oder zwei Wohnungen tritt hier nur eine geringfügige Verfälschung der Datenlage auf. Liegen einzelne Freizeitwohnsitze jedoch in Mehrparteienhäusern, tritt hier eine Verfälschung aufgrund der Tatsache auf, dass Gebäude insgesamt und nicht Wohneinheiten für die Berechnung herangezogen werden.

Die Feststellung der Eigenschaft als Freizeitwohnsitz bringt **in der Praxis** vielfach **Probleme** mit sich, da die Daten für die Feststellung des Anteils der Freizeitwohnsitze an den Gebäuden insgesamt pro Gemeinde zu erheben sind. Da die Erklärung zu Vorbehaltsgemeinden durch die Landesregierung zu erfolgen hat, muss sinngemäß auch die Feststellung des aktuellen Verhältnisses von Freizeitwohnsitzen zu Gebäuden ohne Freizeitwohnsitze durch das Amt der Burgenländischen Landesregierung erfolgen.

Zweitwohnungsquote Burgenland – Schlüsselbotschaft

Die im Burgenland existierende **Quotenregelung zu Freizeitwohnsitzen** ist eine grundsätzlich quantitative, die in festgelegten Vorbehaltsgemeinden eine gewisse Einschränkung im Hinblick auf die Schaffung zusätzlicher Freizeitwohnsitze bedeutet. Wesentliche Aspekte zur Regelung sind kurz zusammengefasst:

→ Die **Erhebung** der Anzahl der Freizeitwohnsitze und **Berechnung** der Quote von Gebäuden mit Freizeitwohnsitzen an Gebäuden insgesamt stellt in der Praxis eine wohl schwierige und aufwendige Aufgabe dar, da in Gebäuden, die sich in nicht als Vorbehaltsgemeinden ausgewiesenen Gemeinden befinden, jederzeit eine Freizeitwohnsitznutzung realisiert werden kann.

→ Die **Quotenregelung** schließt Baugebiete für Erholungs- und Tourismuseinrichtungen von der Berechnung Freizeitwohnsitze/Wohnsitze insgesamt aus, womit es **keine Maximalquote** auf kommunaler Ebene gibt.

→ Die **geringe Anzahl an Vorbehaltsgemeinden** deutet darauf hin, dass die tatsächliche Steuerung der Errichtung und Nutzung von Freizeitwohnsitzen über die Widmung von Baugebieten für Erholungs- und Tourismuseinrichtungen erfolgt.

Die **Festlegung von Vorbehaltsgemeinden**, in denen die Anzahl der Freizeitwohnsitze den Landesdurchschnitt erheblich überschreitet, ist nicht unbedenklich. Diese kann als **dynamische Quote** verstanden werden, die auf einem, sich zeitlich permanent verändernden Durchschnittswert beruht, dessen Erhebung wohl nicht ohne Weiteres möglich ist. Dem Verordnungsgeber kommt außerdem mit der Feststellung einer erheblichen Überschreitung ein beachtlicher Ermessensspielraum zu. Der Bezug auf einen Durchschnittswert (Freizeitwohnsitze/Wohnsitze/Gemeinde) ohne jegliche regionale Differenzierung ist fachlich nur bedingt nachzuvollziehen. Die touristisch geprägten Gemeinden rund um den Neusiedlersee etwa überschreiten den Schwellenwert wohl deutlich.

Mit der **Ausnahme von Freizeitwohnsitzen in speziellen Baugebieten** erfolgt die Steuerung der Freizeitwohnsitze im Burgenland in erster Linie über den Flächenwidmungsplan. Dabei gibt es hier keine

---

58 § 9 Abs. 2 bzw. § Bgld GVG 1995 LGBl. für das Bgld Nr. 42/96 idF 6/07.
59 § 10 Abs. 2 Bgld GVG 1995.
60 § 1 Bgld GVVO LGBl. für das Bgld Nr. 45/07 idF 77/08.
61 LGBl. für das Bgld Nr. 45/07.

quantitative Maximalquote. Das bedeutet allerdings auch, dass Gemeinden durch die Umwidmung von bestehenden Freizeitwohnsitzen in Baugebiete für Erholungs- und Tourismuseinrichtungen den quotenrelevanten Anteil der Freizeitwohnsitze in Gebäuden an den Gebäuden insgesamt gezielt reduzieren können. Die Festlegung im Flächenwidmungsplan in Übereinstimmung mit der bereits vollzogenen Nutzung muss zwar im Hinblick auf die Planungsziele des Bgld RplG erfolgen, kann aber wohl jedenfalls solide bei einer bestehenden Freizeitwohnsitznutzung argumentiert werden.

Wie die **geringe Anzahl an Vorbehaltsgemeinden** zeigt, kommt der derzeitig grundverkehrsrechtlich verankerten Quotenregelung für Freizeitwohnsitze im Burgenland keine nennenswerte Bedeutung zu. Insb. da die Zahl der als Vorbehaltsgemeinden ausgewiesenen Gemeinden rückläufig ist.

Zweitwohnungsquote – Salzburg

Im Bundesland Salzburg wurden **Quoten für Zweitwohnsitze** schon in der Vergangenheit intensiv diskutiert und im Zusammenhang mit der ROG-Novellierung 2017[62] vollständig überarbeitet. Bereits das Slbg ROG 1992[63] sah die Ausweisung von **Zweitwohnungsgebieten** für Apartmenthäuser und Feriensiedlungen, Wohnbauten etc.[64] vor, wobei die Errichtung von Zweitwohnungen nur in derartigen Zweitwohnungsgebieten zulässig war. Als Zeitwohnungen wurden dabei Wohnungen oder Wohnräume verstanden, die nicht der Deckung eines ganzjährigen Wohnbedarfes, sondern nur zum Aufenthalt während des Wochenendes, des Urlaubes oder der Ferien oder für sonstige Freizeitzwecke dienen."[65] Die Genehmigung des Flächenwidmungsplanes war ferner nur möglich, wenn bei der Ausweisung von Zweitwohnungsgebieten der Anteil der Zweitwohnung in der Gemeinde am gesamten Wohnungsbestand 10 % nicht übersteigt.[66] Ausgenommen vom Verbot von Zweitwohnungen außerhalb von Zweitwohnungsgebieten waren Wohnungen, die von Todes wegen im Kreis der gesetzlichen Erb:innen erworben wurden oder Zweitwohnung, die bereits vor Inkrafttreten des

Gesetzes rechtmäßig bestanden haben.[67] Das 2009 wiederverlautbarte Slbg ROG[68] übernahm diese Bestimmungen im Wesentlichen und die quantitative **10-Prozent-Quote** wurde ebenfalls fortgeführt.

Die mit der ROG-Novelle 2017 geänderten Bestimmungen zu Zweitwohnungen traten überwiegend mit 1. 1. 2019 in Kraft, da eine **Harmonisierung** mit dem **Slbg GVG 2001**[69] noch ausständig war.

Das Slbg ROG kennt – wie bereits dargestellt – die Baulandkategorie „**Zweitwohnungsgebiet**", in der Wohnbauten mit Zweitwohnungen und sonstige Wohnbauten und dazugehörige Nebenanlagen sowie bauliche Anlagen für Betriebe, die im „Erweiterten Wohngebiet" errichtet werden dürfen, zulässig sind.[70] Zweitwohnungsgebiete sind somit keine im Flächenwidmungsplan verordneten Bereiche für eine exklusive Bebauung und Nutzung mit Zweitwohnsitzen. Nach der alten Regelung durften keine Zweitwohnungsgebiete ausgewiesen werden, wenn der Anteil der Zweitwohnungen **10 % des gesamten Wohnungsbestandes** der Gemeinde überstieg.[71] Von der Berechnung nicht umfasst waren Zweitwohnungen durch Rechtserwerb von Todes wegen sowie rechtmäßig bestehende Zweitwohnungen vor dem 1. März 1993.[72] Derartige Zweitwohnungen durften auch außerhalb gewidmeter Zweitwohnungsgebiete liegen. Die Gemeindevertretung hatte außerdem die Möglichkeit, aus berücksichtigungswürdigen Gründen[73] auf Antrag die Nutzung als Zweitwohnung ausnahmsweise zu gestatten. Diese Ausnahme war auf höchstens zehn Jahre befristet und soweit erforderlich unter Bedingungen zu erteilen.[74]

Die im Slbg ROG 1992 enthaltenen Bestimmungen zur Zweitwohnungsquote wurden inhaltlich ins Slbg ROG 2009 weitestgehend übernommen. In beiden Gesetzen lässt sich allerdings aus keinerlei Bestimmungen ableiten, welche **fachliche Argumentation** für die Festsetzung der 10-Prozent-Schwelle zugrunde gelegt wurde.[75]

Die Zweitwohnungsquote im Slbg ROG hatte insb. im Vollzug **gravierende Probleme** aufgezeigt. Frei-

---

62 LGBl. für Slbg Nr. 87/17.
63 Slbg ROG 1992, LGBl. für Slbg Nr. 98/92.
64 § 17 Abs. 1 Z 8 Slbg ROG 1992.
65 § 17 Abs. 4 Slbg ROG 1992.
66 § 22 Abs. 2 Slbg ROG 1992.
67 § 24 Abs. 7 Slbg ROG 1992.
68 Slbg ROG 2009, LGBl. für Slbg Nr. 30/09.
69 Slbg GVG 2001, LGBl. für Slbg Nr. 9/02 idF 33/19.
70 § 30 Abs. 1 Z 9 Slbg ROG 2009, idF 64/22.
71 § 31 Abs. 4 Z 2 Slbg ROG 2009, idF 9/16.
72 § 31 Abs. 3 Z 1 und 2 Slbg ROG 2009, idF 9/16.
73 z. B. wenn die Wohnung bisher dem/der Eigentümer:in zur Deckung des ganzjährigen Wohnbedarfs von sich oder seinen/ihren Angehörigen [Ehegatt:in oder eingetragene/r Partner:in, Eltern, Kinder, Stiefkinder, Enkelkinder, Wahl-, Pflege- oder Schwiegerkinder] diente oder der familiären Vorsorge zur Deckung eines solchen Bedarfs dient.
74 § 31 Abs. 3 Slbg ROG 2009.
75 Dollinger, 2017.

zeitwohnsitze werden grundsätzlich nicht durch **reguläre Erhebungen der Statistik Austria** erfasst. Da keine gesonderte Ausweisung einzelner genehmigter Zweitwohnungen in Zweitwohnungsgebieten im Flächenwidmungsplan enthalten war, konnte die Erhebung lediglich auf Basis der einzelnen erteilten Genehmigungen erfolgen. Dabei war in Salzburg die Führung eines verpflichtenden Zweitwohnsitzregisters für Gemeinden nicht vorgesehen. Damit fand keine offizielle und einheitliche Datenerhebung zum Stand der genehmigten Zweitwohnungen gemäß Slbg ROG statt und eine Überprüfung der Einhaltung der gesetzlich vorgesehenen Quotenregelung war nur nach eingehenden Erhebungen vor Ort möglich. Die Wirkung der 10-Prozent-Quote bezieht sich wohlgemerkt lediglich auf die Zulässigkeit der Widmung von neuen Zweitwohnungsgebieten. Als **Zweitwohnungen** galten allerdings alle:

→ Wohnungen, die als Zweitwohnungen in Zweitwohnungsgebieten genehmigt wurden;

→ Wohnungen, die durch Rechtserwerb von Todes wegen von Personen erworben worden sind, die zum Kreis der gesetzlichen Erb:innen gehören;

→ Wohnungen, die vor dem 1. März 1993 als Zweitwohnungen benutzt wurden;

→ Zweitwohnungen, die aufgrund besonderer berücksichtigungswürdiger Gründe genehmigt wurden.

Der **Anteil von Zweitwohnungen** am Gesamtwohnungsbestand konnte in der alten Regelungssystematik somit auch ohne die Widmung zusätzlicher Zweitwohnungsgebiete weiter ansteigen oder durch den Bau von Wohnungen, die als Hauptwohnsitze genutzt werden, auch wieder sinken. Damit war jeder Widmungsentscheidung über Zweitwohnungsgebiete eine aktuelle Auswertung zum Zeitpunkt der Beschlussfassung zugrunde zu legen.

Die Bestimmungen der Slbg ROG 1992, 1998 und 2009 zu Zweitwohnungen und Zweitwohnungsgebieten brachten ein **beträchtliches Vollzugsproblem** mit sich. Der Fokus wurde zwar auf die Freizeitnutzung von Zweitwohnungen gelegt, die tatsächliche Erhebung und Kontrolle, ebenso wie die Feststellung der Eigenschaft einer (illegalen) Nutzung als Zweitwohnsitz stellte für die Gemeinden, wie für die Aufsichtsbehörde eine **kosten- wie personalintensive Tätigkeit** dar. Wie der Gesetzgeber zur Slbg ROG Novelle LGBl. Nr. 82/17 in den Erläuterungen selbst festhält, hat die Praxis gezeigt, dass mit den bisherigen Regelungen die raumordnungsrechtlichen Beschränkungen betreffend Zweitwohnungen nicht treffsicher

und wirksam genug durchgesetzt werden konnten.[76] Dabei wird insb. auf die fehlende Differenzierung entsprechend der regional unterschiedlichen Problemlagen Bezug genommen und die Schwierigkeit des Nachweises einer rechtswidrigen Benutzung von Wohnungen durch die Behörde ins Treffen geführt. Die Novelle 2017 sollte daher eine regionale Differenzierung und Präzisierung der Beschränkung von Zweitwohnungen mit sich bringen.

Zweitwohnungen werden nunmehr **residual definiert**. Alle Wohnungen, die nicht als Hauptwohnsitz, für touristische Beherbergung von Gästen, für land- oder forstwirtschaftliche Zwecke, der Ausbildung oder der Berufsausübung, der Pflege oder Betreuung von Menschen oder für Zwecke, die gewissen Raumordnungszielen nicht entgegenstehen, gelten als Zweitwohnungen.[77] Die Quotenregelung ist im § 31 Abs. 1 Z 1 des Slbg ROG 2009 enthalten und beschränkt die Verwendung von Wohnungen als Zweitwohnungen „...in Gemeinden, in denen der Anteil an Wohnungen, die nicht als Hauptwohnsitz verwendet werden, **16 % des gesamten Wohnungsbestandes** in der Gemeinde übersteigt ...". Die Gemeinden haben allerdings auch die Möglichkeit, im Flächenwidmungsplan Zweitwohnungs-Beschränkungsgebiete auszuweisen, wenn dies zur Versorgung der Bevölkerung mit geeigneten Hauptwohnsitzwohnungen oder zur Vermeidung nachteiliger Auswirkungen (Siedlungs-, Sozial- oder Wirtschaftsstrukturen) erforderlich ist.[78] In derartigen **Beschränkungsgemeinden oder -gebieten** ist die Verwendung von Zweitwohnungen nur in ausgewiesenen Zweitwohnungsgebieten zulässig.[79] Die bisherigen Ausnahmebestimmungen im Zusammenhang mit besonders berücksichtigungswürdigen Gründen bleiben bestehen. Die Ausweisung von Zweitwohnungsgebieten ist nicht zulässig, wenn überörtliche strukturelle Entwicklungsziele unterlaufen werden.[80]

Die **alte 10-Prozent-Zweitwohnungsquote**, die die Ausweisung von Zweitwohnungsgebieten mit dem Anteil der gesamt existierenden Zweitwohnungen nach Definition des Slbg ROG 1992 verknüpfte, wurde somit gravierend abgeändert. Die angeführte Quote von **16 % Nicht-Hauptsitzwohnungen** in einer Gemeinde stellt nunmehr lediglich die Verpflichtung zur Widmung von Zweitwohnungsgebieten dar, sofern weitere Zweitwohnungen errichtet werden sollen. Die Widmung von Zweitwohnungsgebieten ist im Rahmen der gesetzlichen Bestimmungen und örtlichen planerischen Zielsetzungen zulässig. In diesem Sinn stellt die Quote für Zweitwohnungen eine Änderung im Hinblick auf die räumliche Zulässigkeit

---

76 Erläuterungen zum LGBl. Nr. 82/17, RV307, 64.
77 § 5 Z 17 LGBl. für Slbg Nr. 82/17.
78 § 31 Abs. 1 Z 2 Slbg ROG 2009.
79 Ausnahmen siehe § 31 Abs. 2 Z 1-4 LGBl. für Slbg Nr. 82/17.
80 § 31 Abs. 4 LGBl. für Slbg Nr. 82/17.

Tab. 6: Gegenüberstellung der Salzburger Quotenregelung zu Zweitwohnungen

Aspekte	In Kraft bis 31. 12. 2018	In Kraft seit 01. 01. 2019
Definition Zweitwohnung	nicht zur Deckung des ganzjährigen Wohnbedarfs; Ferien-/ Freizeitzwecke	Wohnungen, die nicht als Hauptwohnsitz, für touristische Beherbergung, land- oder forstwirtschaftliche Zwecke Zwecke der Ausbildung oder Berufsausübung, Pflege oder Betreuung von Menschen, sonstige Zwecke gemäß Aufzählung genutzt werden.
Quotenregelung	Die Ausweisung von Zweitwohnungsgebieten ist nicht zulässig, wenn der Anteil der Zweitwohnungen am gesamten Wohnungsbestand in der Gemeinde bereits 10 % übersteigt.	Die Verwendung einer Wohnung als Zweitwohnung ist raumordnungsrechtlich beschränkt in Gemeinden, in denen der Anteil an Wohnungen, die nicht als Hauptwohnsitz verwendet werden, 16 % des gesamten Wohnungsbestandes in der Gemeinde übersteigt.
Folge bei Überschreiten der Quote	Zweitwohnungen nur mehr im Rahmen der Ausnahmeregelungen zulässig	Zweitwohnungen im Rahmen der Ausnahmeregelungen sowie in Zweitwohnungsgebieten zulässig
Limitierende Wirkung	ja, aber schwer zu exekutieren	bedingt, da die Gemeinde über die Widmungstätigkeit von Zweitwohnungsgebieten die Zweitwohnungen beliebig steuern kann.

von Zweitwohnungen und keine absolute Limitierung mehr dar. Die Ausweisung von Zweitwohnungsgebieten im Flächenwidmungsplan ist grundsätzlich zulässig und lediglich bei Überschreiten der 16-Prozent-Quote oder Erklärung von Beschränkungsgebieten verpflichtend. Gemeinden steht mit der neuen Regelung etabliert durch die ROG-Novelle 82/2017 die Entwicklung deutlich höherer Zweitwohnsitzanteile grundsätzlich offen.

> ### Zweitwohnungsquote Salzburg – Schlüsselbotschaft
>
> Salzburg hat die **Wirkungsweise seiner Quotenregelung** für Zweitwohnungen mit der ROG-Novelle 2017 neu festgesetzt, womit insb. die Nachteile der bisherigen Quotenregelung kompensiert werden sollten. Die folgenden zentralen Punkte sind hervorzuheben:
> → Durch den Bezug der Quotenregelung auf statistisch jederzeit verfügbare Daten lassen sich **Beschränkungsgemeinden** unkompliziert eruieren und festlegen.
> → Über die Widmung von Zweitwohnungsgebieten als Voraussetzung für die **weitere Ausweisung von Zweitwohnungen** gemäß § 5 Z 17 Slbg ROG 2009 obliegt es den Gemeinden im eigenen Wirkungsbereich über die Entwicklung von Zweitwohnsitzen zu befinden.

Werden Gemeinden durch Verordnung des Landes **zu Beschränkungsgemeinden** erklärt oder Beschränkungsgebiete durch Gemeinden festgelegt, sind Zweitwohnungen nur mehr in Zweitwohnungsgebieten zulässig. **Rechtmäßig bestehende Zweitwohnungen** abseits der Ausnahmebestimmungen wurden mit § 86 Slbg ROG LGBl. Nr. 82/17 als weiterhin rechtskonform erklärt, wie aber bereits dargestellt hob der VfGH diese Bestimmung im Juni 2022 als verfassungswidrig auf.

Tabelle 6 zeigt zusammenfassend eine Gegenüberstellung zur **Regelung der Zweitwohnsitzquoten** in Salzburg.

Zweitwohnsitzquote – Steiermark

In der Steiermark gibt es ebenfalls eine **Quotenregelung** im Zusammenhang mit der Nutzung von Zweitwohnsitzen im Stmk ROG[81]. So soll das Verhältnis von Zweitwohnsitzen zu den sonstigen Wohnsitzen im Gemeindegebiet den **Faktor 0,5** nicht überschreiten und der **Faktor 1** darf insgesamt nicht überschritten werden.[82] Durch den angegebenen Faktor sollen also nicht mehr als **33 %** und dürfen nicht mehr als **50 % der Gebäude** mit Wohnsitzen in einer Gemeinde für eine vorübergehende Erholung oder Freizeitgestaltung genutzt werden.

Der **Verkehr mit Baugrundstücken** und insb. die Verwendung von Baugrundstücken betreffend **Zweitwohnsitze** wird im II. Abschnitt des Stmk GVG 1993

---

81 Definition von Zweitwohnsitzen gemäß Stmk ROG siehe § 2 Abs. 1 Z 41 Stmk ROG 2010.
82 § 30 Abs. 1 Z 10 Stmk ROG 2010 idF 45/22.

geregelt. So werden im Stmk GVG 1993 **Vorbehalts-gemeinden** festgelegt, in denen Gebiete ausgeschieden werden können, in denen keine Zweitwohnsitze begründet werden dürfen.[83] Zweitwohnsitze in Form von Apartmenthäusern sind nur in gewidmeten Ferienwohnungsgebieten zulässig, sonstige Zweitwohnsitze können jedoch auch in weiteren Baulandkategorien begründet werden. Die Ausweisung der Beschränkungszonen für Zweitwohnsitze ist nur in Vorbehaltsgemeinden gem. Stmk GVG 1993 möglich und hat im Rahmen der Flächenwidmungsplanung zu erfolgen. Die Steuerung der Zweitwohnsitze erfolgt in dieser Logik somit in erster Linie über die Widmungstätigkeit von Ferienwohnungsgebieten und Ausweisung von Beschränkungsbereichen in Vorbehaltsgemeinden. Die **Quotenregelung** stellt hier **lediglich einen zulässigen Maximalwert** dar, der für alle Gemeinden gleichermaßen anzuwenden ist. Beim Rechtserwerb an Grundstücken oder Wohnungen in Beschränkungszonen, ist im Zuge von Rechtsgeschäften eine Erklärungspflicht festgesetzt, dass Baugrundstücke in der Beschränkungszone nicht zur Begründung eines Zweitwohnsitzes verwendet werden.[84]

Aus planungsfachlicher Sicht kann die Rechtslage in der Steiermark im Hinblick auf folgende Aspekte **kritisch kommentiert** werden:

→ Unter Zweitwohnsitzen werden lediglich Wohnsitze zur Deckung des vorübergehenden Wohnbedarfs zum Zwecke der Erholung oder Freizeitgestaltung verstanden. Die **Erhebung und Kontrolle** dieser Eigenschaft ist in der Praxis jedenfalls schwierig, da keine Meldepflicht für eine Zweitwohnsitznutzung zur Erholung oder Freizeitgestaltung besteht. Die Erklärungspflicht gemäß Stmk GVG 1993 wird nur bei Rechtserwerb nicht aber bei einer Nutzungsänderung schlagend.

→ Die Formulierung der Quoten für den Zweitwohnsitzanteil ist **überraschend hoch** angesetzt und aus einer fachlichen Sicht erschließen sich die beiden Werte nicht unmittelbar. Da nicht alle Wohnsitze ohne Hauptwohnsitz umfasst werden, sondern spezifisch Wohnsitze für Erholungs-/Freizeitzwecke, ist bereits der optionale Wert mit 33 % an den gesamten Wohnsitzen äußerst hoch und könnte finanzielle wie (sozial) strukturelle Probleme für die jeweilig betroffene Gemeinde bedeuten. Gebäude ohne Wohnsitzmeldung werden in der Berechnung nicht aufgenommen, während Hauptwohnsitze, Arbeitswohnsitze und Nebenwohnsitze, die nicht der Erholung-/Freizeit dienen, zusammengefasst werden. Fakultativ darf der Anteil an Zweitwohnsitzen maximal 50 % der ge-

samten Wohnsitze betragen. Dieser Wert ist zweifelsfrei sehr hoch angesetzt und bringt damit keine Steuerungswirkung mit sich. Dementsprechend fehlen in den steiermärkischen Regelungen auch jegliche Ausnahmebestimmungen als Ergänzung zur festgesetzten Quote.

> ### *Zweitwohnungsquote Steiermark – Schlüsselbotschaft*
>
> Die Steiermark verfügt über eine sehr **eigenwillige quantitative Quote** für Zweitwohnsitze, die sich aus einer fakultativen Quote von maximal **50 %** und einer empfehlenden Quote von maximal **33 % Anteil** an den Wohnsitzen einer Gemeinde zusammensetzt. Im Hinblick auf die Bestimmungen können folgende Aspekte hervorgehoben werden:
> → Bei der Festsetzung sehr hoher Quoten bedarf es **keiner Ausnahmebestimmungen**, da diese in der Realität kaum erreicht werden.
> → **Sehr hohe Maximalquoten** an Zweitwohnsitzen verfügen de facto über geringe Steuerungswirkung. Diese muss in der Steiermark über die Festlegung von Beschränkungsgebieten für Zweitwohnsitze durch die Gemeinden im Flächenwidmungsplan erfolgen. Dafür muss der Landesgesetzgeber diese aber zu Vorbehaltsgemeinden erklären.

Freizeitwohnungsquote – Tirol

Tirol sieht als alpin geprägtes Bundesland mit dem Tourismus als wirtschaftlichem Standbein **seit Langem Regelungen zu Freizeitwohnsitzen** im Raumordnungsrecht vor. Bis 1994 wurden diese in erster Linie über Sonderflächen für Apartmenthäuser, Feriendörfer und Wochenendsiedlungen im Flächenwidmungsplan geregelt.[85] Der Landesregierung wurde die Möglichkeit eingeräumt, in sektoralen Entwicklungsprogrammen gemäß § 4 TROG 1984 weitere Festlegungen über die räumliche bzw. grundsätzliche Zulässigkeit solcher Widmungen näher zu bestimmen. Mit der Wiederverlautbarung des Tiroler Raumordnungsgesetzes als TROG 1994[86] wurde im § 15 ein generelles Verbot der Neuerrichtung von Freizeitwohnsitzen und ein Verbot der Erweiterung bestehender Freizeitwohnsitze eingeführt. Entsprechende Ausnahme- und Übergangsbestimmungen für bestehende Freizeitwohnsitze und die Zulässigkeit solcher, die durch Erbe oder geänderte Lebensumstände entstehen, wurden ebenfalls kodifiziert. Der Verfassungsgerichtshof erkannte in mehreren Erkenntnissen, dass die im TROG 1994 enthaltenen Bestimmungen zu Freizeitwohnsitzen verfassungsrechtlich gewähr-

---

83 § 30 Abs. 2 Stmk ROG 2010.
84 § 17 Abs. 2 Z 1 Stmk GVG 1993.
85 § 16a TROG 1984 LGBl. für Tirol idF 4/84.
86 LGBl. für Tirol Nr. 81/93.

leistete Rechte auf Unversehrtheit des Eigentums verletzten.[87] Es bestünden zwar öffentliche Interessen an der rigiden Beschränkung von Freizeitwohnsitzen, doch war die Kombination des Verbotes der Schaffung und Vergrößerung von Freizeitwohnsitzen mit einer Anmeldungsverpflichtung für bestehende Freizeitwohnsitze ohne Rücksichtnahme auf die regionalen Erfordernisse insgesamt unverhältnismäßig. In der ersten Novelle zum TROG 1994 wurden zwar legistische wie systematische Verbesserungen vorgenommen, die Bestimmungen, die zur Annahme der Unverhältnismäßigkeit geführt hatten, wurden jedoch nicht bereinigt, weshalb der VfGH die gegenständlichen Bestimmungen erneut als verfassungswidrig erklärte.[88] Mit der Wiederverlautbarung des TROG 1997 wurden Freizeitwohnsitze neu geregelt und die verfassungswidrigen Mängel behoben.[89]

Die nach wie vor gültige **Beschränkungsquote für Freizeitwohnsitze** wurde mit der ersten Novelle des TROG 1997 eingeführt und in allen weiteren Wiederverlautbarungen des TROG übernommen. Unter Freizeitwohnsitzen werden nunmehr Gebäude, Wohnungen oder sonstige Teile von Gebäuden, die nicht der Befriedigung eines ganzjährigen Wohnbedürfnisses dienen, sondern zum Aufenthalt während des Urlaubs, der Ferien, des Wochenendes oder zu Erholungszwecken verwendet werden.[90] Freizeitwohnsitze, die entsprechend der raumordnungsrechtlichen Vorschriften angemeldet wurden, dürfen weiterhin als solche genutzt werden.[91] Die Schaffung neuer Freizeitwohnsitze ist nur im Hinblick auf eine geordnete räumliche Entwicklung der Gemeinden zulässig. Dafür werden entsprechende Kriterien im TROG 2022 normiert. Über die Freizeitwohnsitze haben die Gemeinden ein **Freizeitwohnsitzverzeichnis**[92] zu führen. In diesem sind alle Freizeitwohnsitze für die eine Baubewilligung gem. § 13 Abs. 3 und 6, jeweils erster Satz, oder eine Ausnahmebewilligung gemäß § 13 Abs. 8 des/der Bürgermeister:in enthalten. Die Schaffung neuer Freizeitwohnsitze ist nicht mehr zulässig, wenn der Anteil der im Freizeitwohnsitzverzeichnis enthaltenen Wohnungen an der **Gesamtzahl der Wohnungen 8 %** übersteigt. Jedoch bleiben Freizeitwohnsitze unberührt, für die eine Ausnahmebewilligung im Sinne des § 13 Abs. 6 erster Satz vorliegt.

Die Quote in Tirol bedeutet somit, dass die Schaffung neuer Freizeitwohnsitze grundsätzlich mit einem **Anteil von 8 % an der Gesamtzahl der Wohnungen** limitiert ist. Die Ausweisung erfolgt im Flächenwidmungsplan durch Angabe der zulässigen Freizeitwohnsitze pro Grundstück. Ausnahmebewilligungen über diesen Maximalwert hinaus sind auf Antrag von Erb:innen oder Vermächtnisnehmer:innen bzw. auf Antrag des/der Eigentümer:in des betreffenden Wohnsitzes im Hinblick auf geänderte Lebensumstände zu erteilen.[93]

Nachdem zu Beginn der 1990er-Jahre bereits eine **komplette Beschränkung der Neuschaffung von Freizeitwohnsitzen** in Tirol angestrebt wurde, stellt die aktuelle Quote im Vergleich eine **eng gefasste Maximalquote** dar. Lediglich Ausnahmebewilligungen sind noch zulässig und werden aber auch nicht für die Berechnung des Anteils herangezogen. Das Amt der Tiroler Landesregierung stellt das Verzeichnis der Freizeitwohnsitze grundsätzlich online zur Verfügung.

Eine **fachliche Argumentation** für die Einführung der Freizeitwohnsitzquote in der Höhe von 8 % ergibt sich allerdings auch aus den Materialien zur ersten Novelle des TROG 1997 nicht, mit der diese eingeführt wurde. Die Schaffung neuer Freizeitwohnsitze soll demnach nicht mehr zulässig sein, wenn der Freizeitwohnsitzanteil in einer Gemeinde 8 % der Gesamtzahl der Wohnungen übersteigt.[94] Worauf dieser Wert basiert, wird nicht weiter erläutert.

Freizeitwohnsitzquote Tirol –
Schlüsselbotschaft

Tirol hat im Ländervergleich die **umfangreichsten Regelungen zu Freizeitwohnsitzquoten** mit folgenden Besonderheiten:

→ Anhand des **verpflichtenden Freizeitwohnsitzverzeichnisses**, das durch die Gemeinden zu führen ist, kann der Anteil an den sonstigen Wohnungen unkompliziert berechnet werden. Die Erhebung durch die Gemeinden ist jedenfalls zeit- und personalaufwendig.

→ Die **8-Prozent-Quote** ist klar definiert und restriktiv festgesetzt, da in einem Viertel aller Tiroler Gemeinden nach aktueller Datenlage (Stand 2019) keine Freizeitwohnsitze mehr im Rahmen des Geltungsbereiches der Quotenregelung errichtet werden dürfen.

---

87 VfSlg 13964/1994. VfSlg 14679/1996.
88 VfSlg 14795.
89 §§15, 16, 16a TROG 1997 LGBl. für Tirol Nr. 10/97.
90 § 13 Abs. 1 TROG 2022 idF LGBl für Tirol Nr. 43/22.
91 § 13 Abs. 3 TROG 2022.
92 § 14 Abs. 1 TROG 2022.
93 § 13 Abs. 8 lit a und b TROG 2022.
94 Erläuternde Bemerkungen zum Entwurf eines Gesetzes, mit dem das Tiroler Raumordnungsgesetz 1997 geändert wird (1. Raumordnungsgesetz-Novelle), LGBl. für Tirol Nr. 28/97.

2.4.2 Freizeitwohnsitzquoten in Verordnungsform

Bei den Freizeitwohnsitzquoten ist zwischen jenen, die gesetzlich festgelegt, und solchen, die erst durch eine Verordnung der Landesregierung eingeführt werden, zu unterscheiden.

In **Vorarlberg** wird die Landesregierung durch § 16a Abs. 4 Vlbg RplG verpflichtet, durch Verordnung – soweit dies zur Erreichung der Raumplanungsziele nach § 2 erforderlich ist – mittels „**Ferienwohnungsquote**" den höchstzulässigen Anteil der Ferienwohnungen je Gemeinde festzulegen. Die Gemeinden werden durch eine solche Ferienwohnungsquote in ihren Widmungsmöglichkeiten eingeschränkt, da gemäß § 16a Abs. 5 Vlbg RplG jedenfalls keine neue Widmung für Ferienwohnungen festgelegt werden darf, solange der verordnete Anteil überschritten wird.

Vorarlberg ist das einzige Bundesland, das für die Steuerung von Ferienwohnungen Beschränkungen durch überörtliche Widmungsvorgaben (Ferienwohnungsquote) der Landesregierung vorsieht. Die betreffende gesetzliche Bestimmung in Vorarlberg besteht zwar bereits seit 2015,[95] die Landesregierung hat aber bisher noch keine Verordnung zur Festsetzung der Quote erlassen. Hinzu kommt, dass die meisten Gemeinden im Vorarlberger Rheintal und Walgau per Verordnung[96] von den restriktiven Bestimmungen zur Schaffung von „Ferienwohnungen" gänzlich ausgenommen sind. Eine Quote würde hier nur eine Wirkung in den stärker touristisch geprägten Landesteilen (v. a. Arlberg, Montafon, Bregenzer Wald) entfalten.

2.4.3 Vorbehaltsgemeinden und -gebiete

Auf Landesebene werden in einzelnen Bundesländern **spezifische Zweitwohnsitzgebiete** im Grundverkehrsrecht oder im Raumordnungsrecht räumlich abgegrenzt (entweder gemeindeweit als Vorbehaltsgemeinden oder mittels Vorbehaltsgebieten), indenen **Rechtserwerbe für Freizeitwohnsitzzwecke** beschränkt oder verboten sind.

Im **Burgenland** legt das Grundverkehrsgesetz fest, dass „im Interesse des Bedarfs an Baugrundstücken für Wohn- und Betriebszwecke bei anderen Nutzungen, insbesondere Nutzungen zu Freizeitzwecken, Beschränkungen vorzusehen" sind.[97] Dafür hat die Landesregierung eine Verordnungsermächtigung und kann Gemeinden, in denen die Anzahl der Freizeitwohnsitze im Verhältnis zur Anzahl der Hauptwohnsitze erheblich über dem Landesdurchschnitt liegt oder die Anzahl der Freizeitwohnsitze einer aus Sicht der Raumplanung erwünschten Ortsentwicklung entgegensteht, zu Vorbehaltsgemeinden erklären.[98] Rechtserwerbe an Baugrundstücken oder Teilen davon (zum Beispiel Wohnungen) bedürfen in Vorbehaltsgemeinden einer schriftlichen Erklärung, die u. a. beinhalten muss, dass die Rechtserwerber:in das Baugrundstück nicht als Freizeitwohnsitz nutzt oder nutzen lässt.

Vergleichbare grundverkehrsrechtliche Regelungen gibt es in **Oberösterreich**, wonach die Landesregierung durch Verordnung Gebiete zu **Vorbehaltsgebieten** erklären kann, in denen:

→ die Anzahl der Freizeitwohnsitze im Verhältnis zur Anzahl der Hauptwohnsitze erheblich über den entsprechenden Zahlen in den angrenzenden Gebieten liegt, oder

→ die Anzahl der Freizeitwohnsitze einer soziokulturellen, strukturpolitischen, wirtschaftspolitischen oder gesellschaftspolitischen Entwicklung dieses Gebiets (Ortsentwicklung) entgegensteht, oder

→ eine überdurchschnittliche Erhöhung der Preise für Baugrundstücke durch die Nachfrage an Freizeitwohnsitzen eingetreten ist bzw. eine solche unmittelbar droht.[99]

Rechtserwerbe zu Freizeitwohnsitzzwecken an Baugrundstücken innerhalb eines Vorbehaltsgebiets sind laut Oö GVG unzulässig, soweit keine Ausnahmen (Widmung als Zweitwohnungsgebiet, Rechtserwerb durch nahe Angehörige, ausschließliche Nutzung zu Freizeitwohnsitzzwecken während der letzten fünf Jahre) bestimmt sind.

In der **Steiermark** können in **Vorbehaltsgemeinden,** im Interesse der Sicherung des Wohn- und Wirtschaftsbedarfes der ortsansässigen Bevölkerung, Gebiete festgelegt werden, in denen keine Zweitwohnsitze begründet werden dürfen (Beschränkungszonen für Zweitwohnsitze).[100] Innerhalb der **Beschränkungszonen** der Vorbehaltsgemeinden, die in § 14 Stmk GVG festgelegt sind, gilt gemäß § 17 Abs. 1 Stmk GVG eine Erklärungspflicht des/der Erwerber:in dahingehend, dass er/sie das Baugrundstück in der Beschränkungszone für Zweitwohnsitze nicht zur Begründung eines Zweitwohnsitzes nutzt oder nutzen lässt.

---

95 LGBl. für Vlbg Nr. 22/15.
96 LGBL. für Vlbg Nr. 47/93 idF 59/02.
97 § 1 Abs. 1 Z 2 Bgld GVG 2007.
98 § 8 Abs. 1 Bgld GVG 2007.
99 § 7 Abs. 1 Oö GVG 1994.
100 § 30 Abs. 2 Stmk ROG 2010.

2.4.4 Festlegungen in überörtlichen Planungsdokumenten

Für die Steuerung von Freizeitwohnsitzen auf über-örtlicher Ebene kommen insb. allgemeine landesweite Entwicklungsprogramme, Sachprogramme und regionale Entwicklungsprogramme in Frage. Durch ihren Verordnungscharakter können sie die jeweilige Landesregierung bei ihren Vollzugsakten und vor allem die Gemeinden in der Erfüllung ihrer Aufgaben im eigenen Wirkungsbereich konkret binden. Bei einem **überwiegenden überörtlichen Interesse** können in diesen Verordnungen auch Aussagen zum planerischen Umgang mit Freizeitwohnsitzen getroffen werden. Ein derartiges Interesse besteht vor allem, wenn die (negativen) Effekte von Freizeitwohnsitzen eine regionale Ausbreitung erreichen (z. B. Preisentwicklung am Immobilienmarkt oder Verdrängung der lokalen Bevölkerung).

Das **Burgenland** verfügt mit dem Landesentwicklungsprogramm[101] über einen ausdifferenzierten Ziel- und Maßnahmenkatalog, der aber keine Bezüge zu Freizeitwohnsitzen herstellt. **Kärnten** verfügt über kein vergleichbares Entwicklungsprogramm auf Landesebene, sondern über einzelne Entwicklungsprogramme für die Bezirke, die aber in den 1970er- und 80er-Jahren erlassen wurden und daher keine Bezüge zur Steuerung von Freizeitwohnsitzen enthalten. **Niederösterreich** verfügt ebenfalls über kein verordnetes Landesentwicklungsprogramm jedoch über detaillierte und seit Langem etablierte regionale Raumordnungsprogramme. Da es aber in Niederösterreich keinerlei Bestimmungen zu Freizeitwohnsitzen im Raumordnungsrecht gibt, fehlen konkrete Bezüge zur Steuerung von Freizeitwohnsitzen. In **Oberösterreich** wurde 2017 ein neues Landesraumordnungsprogramm[102] beschlossen, dass in einem Punkt Bezug zu Freizeitwohnsitzen nimmt. In der Salzkammergut-Welterberegion soll das charakteristische Landschaftsbild durch Konzentration der Siedlungsentwicklung auf bestehende Zentren und durch Begrenzung von Zweitwohnsitzen forciert werden.[103] Freilich handelt es sich dabei nur um eine allgemeine Zielsetzung, die aber von Gemeinden in der Region im Rahmen der örtlichen Raumordnung jedenfalls zu berücksichtigen ist. Das Land **Salzburg** arbeitet schon seit Längerem an der Aktualisierung des bisherigen Landesentwicklungsprogrammes,[104] das aber ebenfalls keine Aussagen zu Freizeitwohnsitzen enthält. Auch im „Sachprogramm zu Standort-

entwicklung zu Wohnen und Arbeiten im Salzburger Zentralraum"[105] finden sich keine einschlägigen Bestimmungen. Die Regionalprogramme in den Landesteilen nehmen überwiegend auch keinen Bezug auf die Thematik. Lediglich die beiden Regionalprogramme für den Pinzgau und Oberpinzgau definieren das Gegensteuern zum Trend Zweitwohnsitze außerhalb von Flächen für Zweitwohngebiete als regionale Zielsetzung.[106] In der **Steiermark** finden sich weder im Landesentwicklungsprogramm[107] noch in den sieben regionalen Entwicklungsprogrammen Bestimmungen zu Freizeitwohnsitzen. **Tirol** und **Vorarlberg** verfügen über keine verordneten Landesentwicklungsprogramme, und somit gibt es auch hier keine einschlägigen Bezüge. In **Wien** enthält die Wr BauO – wie bereits dargestellt – keinen Bezug zu Freizeitwohnsitzen.

Die generelle Absenz einschlägiger Zielbestimmungen und Regelungen zu Freizeitwohnsitzen in der verbindlichen überörtlichen Raumplanung der Länder mag überraschen. Beinahe ein Fünftel des Wohnungsbestandes in Österreich weist keine Hauptwohnsitznutzung auf, während Aspekte, wie sparsamer Umgang mit Grund und Boden, verstärkte Innenentwicklung und leistbares Wohnen in Planungsdokumenten der Länder, nahezu omnipräsent sind. Ein beträchtlicher Teil dieses „untergenutzten" Wohnungsbestandes sind Freizeitwohnsitze, für die erhebliche Abstimmungserfordernisse mit konkurrierenden Nutzungen, wie dauerhaftes Wohnen oder gewerbliche Beherbergungsbetriebe insb. auf regionaler Ebene identifiziert werden können. Trotz der unstrittigen Implikationen von Freizeitwohnsitzen (Bodenpreisentwicklung, Zersiedelung, Beeinträchtigung des Landschaftsbildes etc.) werden sie auf dieser Planungsebene kaum adressiert.

2.5 Bestimmungen der örtlichen Raumplanung

Für die Steuerung von Freizeitwohnsitzen ist die örtliche Raumplanung mit der Aufgabe, die Nutzungsplanung auf örtlicher Ebene festzulegen, grundsätzlich die zentrale Ebene. In den meisten Bundesländern ist auf **kommunaler Ebene** vor allem der **Flächenwidmungsplan** das zentrale Instrument zur Steuerung der Nutzungsarten, dem in der Regel ein **räumliches Entwicklungskonzept** als strategisches Instrument vorgeschaltet und der **Bebauungsplan** als konkretisierendes Instrument –

---

101 LEP 2011, StF LGBl. für das Bgld Nr. 71/11.
102 Oö LAROP 2017, StF LGBl. Oö Nr. 21/17.
103 § 8 Abs. 2 Z 3, Oö LAROP 2017.
104 Slbg LEP 2003, StF LGBl. Slbg Nr. 44/03.
105 StF LGBl. Slbg Nr. 13/09.
106 z. B. Regionalprogramm Pinzgau – Ziele, Maßnahmen und Empfehlungen, 2013, 8.
107 LEP 2009, StF LGBl. Stmk Nr. 75/09.

bei Bedarf – nachgestellt werden. Ergänzend zu den hoheitlichen Instrumenten der örtlichen Raumplanung wird von den Gemeinden im Zusammenhang mit der Steuerung von Freizeitwohnsitzen verstärkt die Vertragsraumordnung eingesetzt, insb. um die gewünschte Nutzung zivilrechtlich abzusichern. Ist die entsprechende Widmung im Flächenwidmungsplan ausgewiesen und regelt ein Bebauungsplan das Maß der baulichen Nutzung, kann in der Folge nach Prüfung der notwendigen Voraussetzungen von der Baubehörde eine Bau- und Nutzungsbewilligung für Freizeitwohnsitze erteilt werden.

Die **Regelungen für Freizeitwohnsitze** im Rahmen der örtlichen Raumplanung **variieren erheblich**, wobei im Ländervergleich das Spektrum von keinen raumplanungsrechtlichen Bestimmungen (NÖ und Wien) bis zu umfangreichen und detaillierten Vorschriften reicht. Insbesondere im Burgenland sowie in Salzburg, Tirol und Vorarlberg sind die ferienwohnungsbezogenen Regelungen intensiv und zielen tendenziell auf (räumliche) Einschränkungen ab.

2.5.1 Örtliche und räumliche Entwicklungskonzepte

Dem örtlichen oder auch räumlichen Entwicklungskonzept – die Bezeichnung unterscheidet sich in den Bundesländern – kommt die Aufgabe zu, einen längerfristigen strategischen Handlungsrahmen für die räumliche Entwicklung auf kommunaler Ebene zu formulieren. Es legt typischerweise konkrete Entwicklungsziele und -maßnahmen fest, die entweder als Konzept mit Selbstbindung für die Gemeinde oder als Verordnung beschlossen werden.[108] Örtliche Entwicklungskonzepte bestehen in der Regel aus einem oder auch mehreren Plänen sowie einem Verordnungstext – sofern es als Verordnung beschlossen wird – und einem textlichen Konzeptteil. Ein wesentlicher Bestandteil jedes örtlichen Entwicklungskonzepts ist – ausgehend von einer umfangreichen Grundlagenforschung – die **vorausschauende Planung der Siedlungsentwicklung** und der damit einhergehenden Infrastruktur. Dementsprechend werden u. a. Siedlungserweiterungsgebiete, Standorte für soziale Infrastrukturen aber auch Siedlungsgrenzen ausgewiesen. Es liegt somit auf der Hand, dass die Schaffung oder das Vermeiden neuer Freizeitwohnsitze auch über örtliche Entwicklungskonzepte gesteuert werden kann.

Wesentliche Anliegen bezüglich Freizeitwohnsitzen (z. B. Anzahl, Arten und Formen räumliche Verteilung) können im strategischen Orientierungsinstrument der kommunalen Raumplanung langfristig vorgegeben werden. Die Benennung der wesentlichen

öffentlichen Interessen für die künftige Entwicklung von Freizeitwohnsitzen im örtlichen Entwicklungskonzept stellt wichtige Vorgaben für die nachgeordneten kommunalen Planungsinstrumente (Flächenwidmungsplan und Bebauungspläne) dar. Wenn Gemeinden künftig keine zusätzlichen Freizeitwohnsitze anstreben, sollte das genauso im örtlichen Entwicklungskonzept prominent verankert sein, wie beabsichtigte Freizeitwohnsitzgroßprojekte. In raumplanerischen Interessenabwägungen sollte insb. bei projektbezogenen Anlassfällen auf konkrete Festlegungen und entsprechende Begründungen im örtlichen Entwicklungskonzept zurückgegriffen werden können.

Die einzelnen Raumordnungsgesetze legen in der Regel Mindestinhalte für örtliche Entwicklungskonzepte fest, von denen einige besondere Relevanz für die Steuerung von Freizeitwohnsitzen haben. Im Rahmen der Mindestinhalte oder auch über diese hinaus können die Gemeinden spezifische Zielsetzungen und Maßnahmen festlegen, solange ein überwiegendes örtliches (und kein überörtliches) Interesse gegeben ist und eine entsprechende gesetzliche Ermächtigung dafür besteht.

Im **Burgenland** gibt es zwar über die Jahre einige Gemeinden mit einem örtlichen Entwicklungskonzept, die gesetzliche Verpflichtung, dieses als Verordnung zu beschließen, besteht aber erst seit der Wiederverlautbarung des Bgld RplG 2019. Die gesetzlichen Vorgaben für den Inhalt sind knapp gehalten, aber insb. die Verpflichtung, die Siedlungsentwicklung und die angestrebte funktionelle Gliederung zu definieren, schließt die Berücksichtigung von Freizeitwohnsitzen in Gemeinden, die eine entsprechende Exposition aufweisen, ein. Ein unmittelbarer Bezug zu Freizeitwohnsitzen wird jedoch – wie in den anderen Bundesländern – nicht hergestellt. In **Kärnten** sieht das Ktn ROG ebenfalls die Verpflichtung zur Erstellung eines örtlichen Entwicklungskonzeptes vor, das als Verordnung zu beschließen ist. Auch hier sind Aussagen zur Siedlungsentwicklung und funktionalen Gliederung des Gemeindegebietes Mindestinhalte. In **Niederösterreich** sind Entwicklungskonzepte gemeinsam mit dem Flächenwidmungsplan in das örtliche Raumordnungsprogramm eingebettet, wobei Örtliche Entwicklungskonzepte nicht mehr verpflichtend sind. Auch hier ist die Siedlungs- und Standortentwicklung jedenfalls ein zentraler Bestandteil. In **Oberösterreich** ist das örtliche Entwicklungskonzept Teil des Flächenwidmungsplans. Die Planung der Siedlungsentwicklung ist wiederum zentraler Bestandteil und hat differenziert in drei gesetzlich festgelegten Kategorien zu erfolgen Im Land **Salzburg** sind die

---

108   Gruber et al., 2018, S 105f.

Tab. 7: Übersicht: Relevante Inhalte für Freizeitwohnsitze in Entwicklungskonzepten

Bundesland	Fundstelle	Mindestinhalte mit Relevanz für Freizeitwohnsitze
Burgenland	§ 28 Abs. 2 Z 3 Bgld RplG	Insbesondere sind grundsätzliche Aussagen zu treffen über … die **angestrebte Siedlungsentwicklung** unter Berücksichtigung der bereits bestehenden oder angestrebten **funktionellen Gliederung** des Gemeindegebietes.
Kärnten	§ 9 Abs. 3 Z 3 und Z 4 Ktn ROG	Grundsätzliche Aussagen sind zu treffen über … den abschätzbaren Baulandbedarf unter Berücksichtigung der Bevölkerungs-, **Siedlungs- und Wirtschaftsentwicklung** … die **funktionale Gliederung** des Gemeindegebietes
Niederösterreich	§ 13 Abs. 3 NÖ ROG	Grundsätzliche Aussagen sind zu treffen zur … **Siedlungs- und Standortentwicklung.**
Oberösterreich	§ 18 Abs. 3 Oö ROG	Der Plan hat Aussagen zur … Planung der weiteren **Siedlungsentwicklung** … zu enthalten.
Salzburg	§ 25 Abs. 2 Z 2 und Z 3 Slbg ROG	Es sind jedenfalls grundsätzliche Aussagen zu treffen … zur angestrebten **Siedlungs- und Verkehrsentwicklung** und zum voraussichtlichen **Baulandbedarf**.
Steiermark	§ 22 Abs. 4 und Abs. 5 Z 1 und Z 3 Stmk ROG	Im örtlichen Entwicklungskonzept ist jedenfalls der **Baulandbedarf** für den Sektor **Wohnen** … abzuschätzen. Im Entwicklungsplan sind festzulegen … die **räumlich-funktionelle Gliederung** … eine Prioritätensetzung der **Siedlungs- und Freiraumentwicklung**.
Tirol	§ 31 Abs. 1 lit b und lit d TROG	Im Raumordnungskonzept sind jedenfalls festzulegen … die angestrebte **Bevölkerungs- und Haushaltsentwicklung** … das Höchstausmaß jener Grundflächen, die … für Zwecke der Deckung des Wohnbedarfes als **bauliche Entwicklungsbereiche** ausgewiesen werden dürfen, sowie die Grundflächen, die zu diesem Zweck entsprechend gewidmet werden dürfen.
Vorarlberg	§ 11 Abs. 1 lit f Vlbg RplG	Der Entwicklungsplan hat grundsätzliche Aussagen zu enthalten über … die angestrebte **Siedlungsentwicklung**.
Wien	-	-

Gemeinden verpflichtet, ein Räumliches Entwicklungskonzept (REK) mit ausschließlicher Selbstbindung – also keine Verordnung – zu erstellen und zu beschließen. Siedlungs- und Verkehrsentwicklung sowie die Festlegung des voraussichtlichen Baulandbedarfs sind auch hier Mindestinhalte. In der **Steiermark** werden örtliche Entwicklungskonzepte durch die Gemeinde als Verordnungen erlassen. Der Baulandbedarf ist zwingend abzuschätzen und in der Plandarstellung die räumlich-funktionelle Gliederung und Siedlungsentwicklung festzulegen. **Tirol** verfügt für das örtliche Raumordnungskonzept über einen sehr detaillierten Katalog der Mindestinhalte im TROG. Die Abschätzung der Bevölkerungs- und Haushaltsentwicklung und die baulichen Entwicklungsbereiche sind jedenfalls festzulegen. In **Vorarlberg** wurden die räumlichen Entwicklungskonzepte 2019 durch räumliche Entwicklungspläne abgelöst, die nunmehr als Verordnung zu erlassen sind. Grundsätzliche Aussagen zur Siedlungsentwicklung sind verpflichtend. In **Wien** sieht die Wr BauO keine Verpflichtung zur Erstellung eines Entwicklungskonzeptes vor, das in der Praxis jedoch in Form des Stadtentwicklungsplans (STEP) sehr wohl besteht.

Tabelle 7 fasst nochmals die Mindestinhalte von örtlichen Entwicklungskonzepten mit Relevanz für die Steuerung von Freizeitwohnsitzen zusammen.

Die obige Übersicht zeigt deutlich, dass sich Gemeinden grundsätzlich strategisch mit Fragen der Siedlungsentwicklung und des Baulandbedarfs im Vorfeld zur Flächenwidmungsplanung auseinandersetzen müssen. Somit können **Standorte für Freizeitwohnsitze**, die auf einer Widmung basieren, konkret **ausgewiesen oder** auch **ausgeschlossen** werden. Die Raumordnungsgesetze sehen aber in keinem Bundesland eine verpflichtende Auseinandersetzung mit Freizeitwohnsitzen in örtlichen Entwicklungskonzepten vor.

Ein Blick in die Praxis zeigt, dass Gemeinden sehr wohl Ziele und Maßnahmen im Zusammenhang mit Freizeitwohnsitzen festlegen. Die Gemeinde **Lech am Arlberg** widmet in ihrem räumlichen Entwicklungskonzept Ferienwohnungen und Freizeitwohnsitzen ein eigenes Kapitel. Die Gemeinde zielt darauf ab, dass Wohnungen bewirtschaftet – sprich vermietet – werden und erklärt auch, dass eine laufende Kontrolle und Verfolgung von illegalen Nutzungen erfolgen soll.[109] Auch die Gemeinde **Velden am Wörthersee** widmet sich im örtlichen Entwicklungskonzept aus 2019 in einem Kapitel der Entwicklung der Freizeitwohnsitze und Apartmenthäuser. In den Zielen zur Tourismusentwicklung werden „keine zusätzlichen Zweitwohnungen im erweiterten Seeuferbereich" angestrebt.[110]

Einzelne Gemeinden legen Bausperren fest, die in der Regel zeitlich befristet sind, vielfach mit der Begrün-

dung, die touristische Entwicklung und dabei insbesondere die Zulassung von Freizeitwohnsitzen neu zu ordnen.[111]

2.5.2 Flächenwidmungsplanung

Die Raumordnungsgesetze der Bundesländer bestimmen mit erheblichen Unterschieden, in der Sache aber übereinstimmend, den Flächenwidmungsplan (neben dem örtlichen Entwicklungskonzept und dem Bebauungsplan) als zentrales Instru-

Tab. 8: Freizeitwohnsitze in verschiedenen Widmungskategorien

Gesetzliche Bestimmung	Widmung	Widmungstyp	Regelung
§ 33 Abs. 3 Z 7 Bgld RplG	Baugebiete für Erholungs- oder Fremdenverkehrseinrichtungen	Baulandwidmung mit Zusatz	Als Baugebiete für Erholungs- oder Fremdenverkehrseinrichtungen sind solche Flächen vorzusehen, auf denen Gebäude, Einrichtungen und Anlagen für die Erholung der ansässigen Bevölkerung und der Fremden errichtet werden können, wie Ferienwohnhäuser, Feriensiedlungen (Feriendörfer), Ferienzentren, Wochenendhäuser, Ferienheime, Kuranstalten, Bäder usw.
§ 30 Abs. 1-6 Ktn ROG	Flächen für Apartmenthäuser, sonstige Freizeitwohnsitze und Hoteldörfer	Sonderwidmung	Flächen für Apartmenthäuser, sonstige Freizeitwohnsitze und Hoteldörfer müssen als Sonderwidmung festgelegt werden. Sonderwidmungen für Apartmenthäuser und sonstige Freizeitwohnsitze sind nur in Dorfgebieten, Wohngebieten, Geschäftsgebieten und Kurgebieten zulässig.
NÖ ROG	-	-	-
§ 23 Abs. 2 Oö ROG	Zweitwohnungsgebiete	Sonderwidmung	Als Zweitwohnungsgebiete sind solche Flächen vorzusehen, die für Bauwerke zur Deckung des Wohnbedarfes während des Wochenendes, des Urlaubes, der Ferien oder eines sonstigen nur zeitweiligen Wohnbedarfes bestimmt sind.
§ 30 Abs. 1 Z 9, § 31 Abs. 2	Zweitwohnungsgebiete	Nutzungsart des Baulandes	In Beschränkungsgemeinden ist eine Verwendung als Zweitwohnung nur in ausgewiesenen Zweitwohnungsgebieten zulässig.
§ 30 Abs. 1 Z 10 Stmk ROG	Zweitwohnsitzgebiete	Baugebiete	Flächen, die für Zweitwohnsitze bestimmt sind, wobei auch Nutzungen, die überwiegend der Deckung der täglichen Bedürfnisse der Bewohner:innen des Gebietes dienen, zulässig sind.
§ 13 Abs. 3 TROG	Freizeitwohnsitze	Baulandwidmung mit Zusatz	Neue Freizeitwohnsitze dürfen im Wohngebiet, in Mischgebieten, auf Sonderflächen für Gastgewerbebetriebe zur Beherbergung von Gästen sowie … auf Sonderflächen für Hofstellen geschaffen werden, wenn dies für einen bestimmten Bereich durch eine entsprechende Festlegung im Flächenwidmungsplan für zulässig erklärt worden ist.
§ 16 Abs. 1 Vlbg RplG	Widmung für Ferienwohnungen	Sonderwidmung	Ferienwohnungen sind nur zulässig, wenn entsprechende Ferienwohnungswidmungen im Flächenwidmungsplan festgelegt wurden.
WBO	-	-	-

109 Gemeinde Lech, 2015.
110 Marktgemeinde Velden, 2019, S 65 und S 98.
111 Vgl. Marktgemeinde Haus, 2021. Ähnliche Bausperren wurden jüngst in Schruns, Vandans, Damüls oder Lech verordnet.

ment der örtlichen Raumordnung. Als klassisches Instrument der örtlichen Raumordnung hat der Flächenwidmungsplan allgemein das Gemeindegebiet nach räumlich-funktionalen Erfordernissen zu gliedern und verbindliche Widmungs- bzw. Nutzungsarten festzulegen bzw. kenntlich zu machen. Zentrale Aufgabe des Flächenwidmungsplanes ist die geordnete Siedlungsentwicklung der Gemeinden, wobei in allen Ländern in erster Linie eine Gliederung des gesamten Gemeindegebietes in unterschiedliche Zonen, die verschiedenen Nutzungen dienen sollen, gesetzlich geregelt ist. Alle Gemeinden Österreichs verfügen über einen flächendeckenden Flächenwidmungsplan (Flwp), der die zulässigen Nutzungen in einer Verordnung definiert und idR aus einem Planteil, einem Verordnungstext sowie einem Erläuterungsbericht besteht.[112] Verfahren und Inhalt von Flächenwidmungsplänen werden in den jeweiligen Raumordnungsgesetzen der Länder definiert.

Seine wesentliche Rechtswirkung entfaltet der Flächenwidmungsplan im baurechtlich geregelten Bauverfahren. Baubewilligungspflichtige Bauführungen haben grundsätzlich den verbindlichen und parzellenscharfen Widmungsfestlegungen im Flächenwidmungsplan zu entsprechen. Die Nutzung oder Errichtung von Freizeitwohnsitzen setzt in einigen Bundesländern eine **besondere Festlegung (Sonderwidmung)** im Flächenwidmungsplan voraus, die unterschiedliche Inhalte aufweisen kann. Es gibt teilweise auch die Möglichkeit, Freizeitwohnsitze per Bescheid, z. B. in Wohngebieten, zu genehmigen.[113]

Ein etablierter raumordnungsrechtlicher Regelungszugang für Freizeitwohnsitze ist die ausschließliche Zulässigkeit in allgemeinen Widmungskategorien oder in spezifischen Widmungen mit einer entspre-chenden Festlegung in Form einer Sonderwidmung oder einem Widmungszusatz. Tabelle 8 gibt einen Überblick über die Zulässigkeit von Freizeitwohnsitzen in verschiedenen Widmungskategorien in den Bundesländern.

Grundsätzlich gilt für jene Bundesländer, die über spezifische Regelungen zu Freizeitwohnsitzen im Zusammenhang mit der Flächenwidmungsplanung verfügen, dass die Errichtung oder Nutzung von Wohneinheiten als Freizeitwohnsitz nur zulässig ist, wenn es die Widmungskategorie erlaubt. Das Erfordernis der Konformität mit kommunalen Widmungsfestlegungen ermöglicht den Gemeinden eine räumliche Steuerung der Freizeitwohnsitze, die so weit reichen kann, dass durch den gänzlichen Verzicht auf diese (Sonder-)Widmungen neue Freizeitwohnsitze ausgeschlossen sind. Bei solchen Widmungsentscheidungen ist besonders relevant, dass Grundeigentümer:innen grundsätzlich keinen Rechtsanspruch auf eine bestimmte Widmung haben, und es dem kommunalen Planungsermessen obliegt, ob solch neue Widmungen im öffentlichen Interesse liegen.

Ferienwohnhäuser dürfen gemäß § 35 Bgld RplG nur errichtet werden, wenn die für die Errichtung **vorgesehenen Flächen im Flächenwidmungsplan** gemäß § 33 Abs. 3 Z 7 Bgld RplG **ausgewiesen** sind und ein **rechtswirksamer Bebauungsplan** (Teilbebauungsplan) besteht. Das verpflichtende Vorliegen eines Bebauungsplans als Voraussetzung für die Zulässigkeit von Freizeitwohnsitzen verdeutlicht die besondere Bedeutung der baustrukturellen Ausprägungen von Freizeitwohnsitzen. Der Ausschnitt aus dem Flächenwidmungsplan der Gemeinde Breitenbrunn am Neusiedlersee (siehe unten) zeigt den Bereich des Seebades, in dem die mit Ferienhäusern

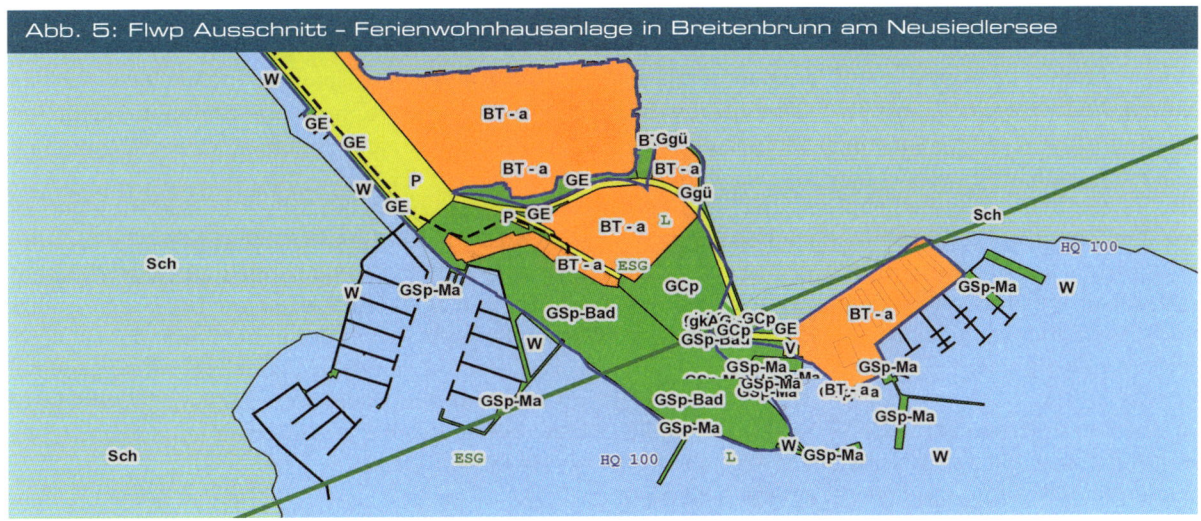

Abb. 5: Flwp Ausschnitt – Ferienwohnhausanlage in Breitenbrunn am Neusiedlersee

Quelle: GeoDaten Burgenland

---

112 Gruber et al., 2018, S 106ff.
113 Freizeitwohnsitze auf Basis von Bescheiden werden im Kapitel zu den Ausnahmebestimmungen erläutert.

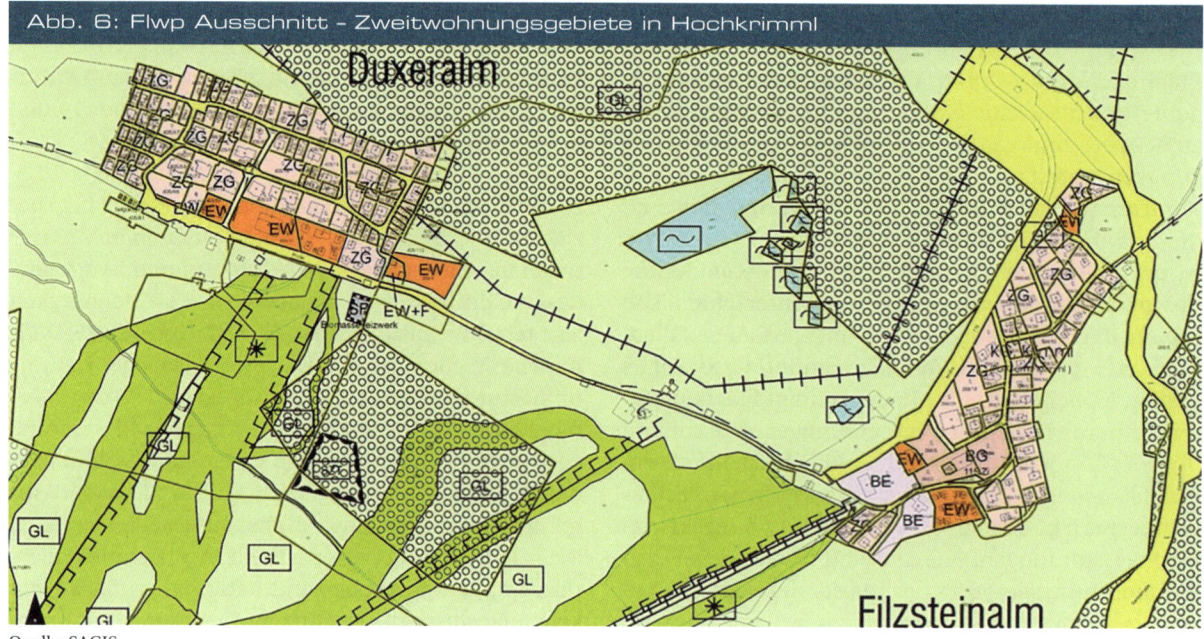

Abb. 6: Flwp Ausschnitt – Zweitwohnungsgebiete in Hochkrimml

Quelle: SAGIS

bebauten Bereiche für die Nutzung als Freizeitwohn-sitze gewidmet sind (BT-Baugebiete für Erholungs- und Tourismuseinrichtungen, Zusatz a – nach Lage, Ausgestaltung oder Rechtsträger überwiegend nicht der dauernden Wohnversorgung der ortsansässigen Bevölkerung dienen). Entsprechend der im Burgen-land etablierten Systematik ist die Begründung von Hauptwohnsitzen nicht ausgeschlossen, die bauliche Entwicklung künftiger Bauführungen kann aber von der Gemeinde über die Bebauungsplanung restriktiv kontrolliert werden.

Gemäß **§ 30 Abs. 1 Ktn ROG** müssen Flächen für **Apartmenthäuser und für sonstige Freizeitwohn-sitze**, das sind Wohngebäude oder Wohnungen, die zur Deckung eines lediglich zeitweilig gegebenen Wohnbedarfes bestimmt sind, als **Sonderwidmung festgelegt** werden. Diese Sonderwidmungen dürfen (nur) in Dorfgebieten, Wohngebieten, Geschäftsge-bieten und in Kurgebieten, ausgenommen in reinen Kurgebieten, festgelegt werden. Gemeinsam mit Apartmenthäusern und sonstigen Freizeitwohnsit-zen werden auch Hoteldörfer geregelt, die allerdings als „gewerbliche Fremdenbeherbergung" definiert werden. Durch die Einschränkung der Sonderwid-mung bzgl. des Standorts bringt der Gesetzgeber zum Ausdruck, dass solche Sonderwidmungen nur im Ortsverband und nicht in agrarisch geprägten Be-reichen zulässig sind.

In Oberösterreich sind als Gebiete, die für Bauwerke bestimmt sind, die einem zeitweiligen Wohnbedarf dienen (Zweitwohnungsgebiete), gemäß **§ 23 Abs. 2 Oö ROG** solche Flächen vorzusehen, die für Bau-werke zur Deckung des Wohnbedarfes während des Wochenendes, des Urlaubes, der Ferien oder eines sonstigen nur zeitweiligen Wohnbedarfes bestimmt

sind. Sonstige Bauwerke und Anlagen sind nur zuläs-sig, wenn sie dazu dienen, den täglichen Bedarf der Bewohner:innen zu decken. Somit ist in Oberöster-reich in gewidmeten Zweitwohnungsgebieten keine Hauptwohnsitznutzung zulässig.

Zweitwohnungsgebiete gemäß **§ 30 Abs. 1 Z 9 Slbg ROG** sind eine Nutzungsart des Baulandes, in de-nen Wohnbauten mit Zweitwohnungen, sonstigen Wohnbauten sowie dazugehörige Nebenanlagen und bauliche Anlagen für gewisse Betriebe zulässig sind. Eine Verwendung als Zweitwohnung ist in Beschrän-kungsgemeinden gemäß **§ 31 Abs. 2 Slbg ROG** nur in ausgewiesenen Zweitwohnungsgebieten zulässig. Die Widmung von ausschließlichen Zweitwohnungs-gebieten war in Salzburg vor allem im Nahbereich von Liftanlagen üblich. Mittlerweile sind aus diesen reinen Zweitwohnungsgebieten bereits multifunk-tionale Siedlungsansätze geworden, in denen, wie das nachstehende Beispiel zeigt, auch Dauerwohnen (EW...erweiterte Wohngebiete) und betriebliche Be-herbergung (BE...Betriebsgebiete) zulässig sind.

Zweitwohnsitzgebiete können in der Stmk gemäß **§ 30 Abs. 1 Z 10 Stmk ROG** gewidmet werden und gelten als vollwertiges Bauland, in dem neben Zweit-wohnsitzen auch Nutzungen zur Deckung der täg-lichen Bedürfnisse der Bewohner:innen des Gebietes zulässig sind. Zweitwohnsitze selbst können generell im Bauland begründet werden. Zweitwohnsitzge-biete beschränken daher in erster Linie die Nutzung als Hauptwohnsitz.

Nach **§ 13 Abs. 3 TROG** dürfen neue Freizeitwohn-sitze im Wohngebiet, in Mischgebieten, auf Sonder-flächen für Gastgewerbebetriebe zur Beherbergung von Gästen sowie … auf Sonderflächen für Hofstellen geschaffen werden, wenn dies für einen bestimmten Bereich durch eine entsprechende Festlegung im Flächenwidmungsplan für zulässig erklärt worden ist. Hierbei ist die dort höchstzulässige Anzahl an Freizeitwohnsitzen festzulegen. Somit sieht der Tiroler Gesetzgeber keinen schriftlichen Widmungszusatz oder gar eine eigene Sonderwidmung für Freizeitwohnsitze vor, sondern diese sind nur über einen Zähler (maximal zulässige Freizeitwohnsitze) im Flächenwidmungsplan zu vermerken.

Gemäß **§ 16 Abs. 3 Vlbg RplG** ist die Errichtung bzw. die Nutzung von Wohnungen oder Wohnräumen als Ferienwohnung nur zulässig, wenn entsprechende **Ferienwohnungswidmungen im Flächenwidmungsplan** festgelegt wurden, wobei zusätzlich ein rechtswirksamer Bebauungsplan vorliegen muss. Ferienwohnungswidmungen können gemäß § 16 Abs. 1 nur in Kern-, Wohn- und Mischgebieten festgelegt werden. Durch die raumplanungsgesetzliche Ermächtigung, Ferienwohnungswidmungen im Flächenwidmungsplan auszuweisen, besteht für die Gemeinden die Möglichkeit, Ferienwohnungen räumlich einzuschränken bzw. künftig Ferienwohnungen zu verhindern, indem keine entsprechenden Sonderwidmungen festgelegt werden.

Niederösterreich und Wien sehen keine eigenen Widmungskategorien für Freizeitwohnsitze vor.

Widmungskriterien und Bedarfserhebung für Freizeitwohnsitze

Bei **Sonderfestlegungen für Freizeitwohnsitze** kann im Ländervergleich unterschieden werden, ob
→ die Sonderwidmung als Unterkategorie des Baulandes gilt (z. B. Slbg),
→ die Sonderwidmung einen Zusatz zu bestimmten Baulandwidmungen darstellt (z. B. Vlbg).

Der Unterschied, ob **Sonderwidmung oder Widmungszusatz**, ist insofern bedeutend, als entweder allgemeine Widmungskriterien für Bauland generell (und damit auch für den Widmungszusatz) gelten oder spezifische **Widmungskriterien** für Freizeitwohnsitzwidmungen vorgegeben sein können (in der Regel, wenn es sich um eine eigene Baulandkategorie handelt). So sind etwa im Bgld die Widmungen für

Ferienwohnungen an spezifische Widmungskriterien gebunden, zumal gemäß § 36 Bgld RplG nur solche Flächen gewidmet werden dürfen,
1. die an bebautes Ortsgebiet anschließen oder diesem in wirtschaftlicher, kultureller oder sozialer Hinsicht zugeordnet werden können,
2. deren widmungsgemäße Verwendung erwarten lässt, dass bestehende Infrastrukturen besser ausgelastet werden oder deren Ausbau der Gemeinde selbst keine … wesentlich höheren Kosten pro Wohneinheit verursacht und
3. deren widmungsgemäße Verwendung keine übermäßige Belastung des Naturhaushaltes sowie keine grobe Störung des Landschafts- und Ortsbildes nach sich zieht.

Die Ausweisung von Zweitwohnungsgebieten wird auch **in Salzburg** inhaltlich eingeschränkt und ist gemäß § 31 Abs. 4 Slbg ROG nicht zulässig, wenn sie überörtlichen strukturellen Entwicklungszielen zuwiderläuft.

Die **Schaffung neuer Freizeitwohnsitze** darf gemäß § 13 Abs. 4 **TROG** nur insoweit für zulässig erklärt werden, als die geordnete räumliche Entwicklung der Gemeinde entsprechend den Aufgaben und Zielen der örtlichen Raumordnung dadurch nicht beeinträchtigt wird, wobei das TROG einen umfangreichen Kriterienkatalog vorgibt.[114]

Stellt – wie in Vlbg – die Sonderwidmung für Ferienwohnungen **einen Zusatz zu anderen Baulandwidmungen** dar, gelten die Widmungskriterien für die „Grundwidmung" – der Widmungszusatz folgt planungsrechtlich jedenfalls der generellen Widmungskategorie. Dieser Regelungssystematik kommt insb. im Zusammenhang mit Quotenregelungen durchaus Relevanz zu: Das betrifft einerseits die raumplanungsrechtlichen **Eignungskriterien**, etwa in § 13 Abs. 2 Vlbg RplG, die für Bauland durchwegs ähnlich – unabhängig von der zeitlichen Nutzungsdauer – gelten.

Komplexer stellt sich die Situation beim **Bedarfskriterium für Bauland** dar. Das in allen ROG verankerte Baulandminimierungsgebot wird im Vlbg RplG durch die Bestimmung in § 13 Abs. 1 Vlbg RplG konkretisiert, wonach als Bauflächen nur bereits

---

114 Zu berücksichtigen sind nach § 13 Abs. 4 TROG 2022:
   a. die Siedlungsentwicklung,
   b. das Ausmaß des zur Befriedigung des Wohnbedarfes der Bevölkerung erforderlichen sowie des hierfür verfügbaren Baulandes,
   c. das Ausmaß der für Freizeitwohnsitze in Anspruch genommenen Grundflächen, insb. auch im Verhältnis zu dem zur Befriedigung des Wohnbedarfes der Bevölkerung bebauten Bauland,
   d. die Gegebenheiten am Grundstücks- und Wohnungsmarkt sowie die Auswirkungen der Freizeitwohnsitzentwicklung auf diesen Markt,
   e. die Art, die Lage und die Anzahl der bestehenden Freizeitwohnsitze,
   f. die Auslastung der Verkehrsinfrastruktur sowie der Einrichtungen zur Wasserversorgung, Energieversorgung und Abwasserbeseitigung, die Auswirkungen der Freizeitwohnsitze auf diese Infrastruktur und deren Finanzierung sowie allfällige mit der Schaffung neuer Freizeitwohnsitze entstehende Erschließungserfordernisse.

bebaute Flächen und Flächen festgelegt werden dürfen, die … „in absehbarer Zeit, längstens aber innert 15 Jahren, als Bauflächen benötigt werden". Baulandwidmungen sind offensichtlich nur zulässig, wenn ein entsprechender Bedarf schlüssig nachgewiesen werden kann. Anders als bei einer eigenständigen Sonderwidmung für Ferienwohnungen hängt die Bedarfsermittlung für Ferienwohnungen nach der Regelungssystematik des Vlbg RplG an der Bedarfsermittlung für die Widmungskategorien Kern-, Misch- und Wohngebiete.

Für die iZm Ferienwohnungen relevanten Widmungskategorien „Kern-, Wohn- und Mischgebiete" sind demzufolge **widmungsspezifische Bedarfsabschätzungen** erforderlich, bei denen der Bedarf an Ferienwohnungen grundsätzlich eine untergeordnete Rolle spielen wird. Aus der Logik, dass Ferienwohnungen nur in entsprechenden Sonderwidmungen möglich sind und insb. Bauland-Wohngebiet nicht für Ferienwohnungen zulässig ist, wird bei Bedarfsabschätzungen für Baulandwohn-, -kern- und -mischgebiet durchwegs auf **dauerhaftes Wohnen** abzustellen sein. Ohne an dieser Stelle der heiklen Frage nachzugehen, inwieweit gehortetes Bauland die Bedarfsermittlungen für künftiges Bauland beeinflussen, sind wohnbezogene Bauland-Neuwidmungen nur zu rechtfertigen, wenn ein Bedarf an dauerhaftem Wohnen besteht. Sonderwidmungen für Ferienwohnungen können aufgrund dieser Regelungssystematik nur in deutlich untergeordnetem Ausmaß soweit festgelegt werden, als die Bedarfsabschätzung für dauerhaftes Wohnen nicht – gemeindeweit – erfüllt werden kann.

Werden Kern-, Misch- und Wohngebiete durch einen Widmungszusatz für Ferienwohnungen freigegeben, wird die **ursprüngliche Bedarfsermittlung konterkariert**, da der ursprüngliche Widmungszweck – dauerhaftes Wohnen – nicht mehr (vollständig) umgesetzt wird. Würden beispielsweise großflächige Liegenschaften mit Bauland-Wohngebietswidmungen für Ferienwohnungen freigegeben, würde die ursprüngliche Bedarfserhebung für Bauland-Wohngebiet ins Leere laufen und die Nachfrage nach dauerhaftem Wohnen bestehen bleiben. Sonderwidmungen für Ferienwohnungen werden in den Widmungen Kern-, Misch- und Wohngebiete – gemeindeweit – nur **in geringfügigem Umfang** zulässig sein, da eine von der „Grundwidmung" abweichende Bedarfserhebung – wie etwa bei einer eigenständigen Sonderwidmung – nicht vorgesehen ist.

Differenzierte Sonderwidmungen

Widmungskategorien für Freizeitwohnsitze umfassen in einigen Bundesländern neben Freizeitwohnsitzen auch noch andere Nutzungsformen. **§ 34 Bgld RplG** unterscheidet etwa – neben Ferienwohnhäusern – zwischen Feriensiedlung (Feriendorf)[115] und Freizeitzentren[116], wobei für die unterschiedlichen ferienbezogenen Widmungen die gleichen Widmungskriterien gelten. In **§ 30 Ktn ROG** werden von den (sonstigen) Freizeitwohnsitzen Apartmenthäuser[117] und Hoteldörfer[118] abgegrenzt. In Slbg sind gemäß **§ 30 Abs. 4 Slbg ROG** in den Bauland-Kategorien Apartmenthäuser erst nach entsprechender Kennzeichnung der Flächen zulässig. Flächen für Apartmenthäuser können gemäß § 39 Abs. 2 Slbg ROG gekennzeichnet werden, wenn keine erheblich nachteiligen Auswirkungen auf die Versorgung der Bevölkerung in ihren Grundbedürfnissen zu erwarten sind. Tirol verfügt bei Freizeitwohnsitzen zwar nur über einen Zusatz im Flächenwidmungsplan, regelt sogenannte Chaletdörfer mittlerweile über eine eigene Sonderflächenkategorie in § 47a TROG und folgt dem deutlich erkennbaren Trend zur restriktiven Regelung von Hotelanlagen, die sich über mehrere solitäre Gebäude erstrecken (Hotel-/Chaletdörfer). Beispielhaft sei hier das Alpendorf Dachstein West genannt, aber es gibt mittlerweile eine Vielzahl derartiger Anlagen vor allem in den alpinen Gebieten Österreichs, die neben der Widmung für die gewerbliche Beherbergung oft auch Freizeitwohnsitzwidmungen aufweisen.

---

115 Gemäß § 34 Abs. 2 Bgld RplG 2019 sind als Feriensiedlung (Feriendorf) Gruppen von Gebäuden mit einer oder mehreren Wohneinheiten anzusehen, die
  a. nach Lage, Ausgestaltung oder Rechtsträger überwiegend nicht der dauernden Wohnversorgung der ortsansässigen Bevölkerung dienen,
  b. neben einem Hauptwohnsitz nur vorübergehend benützt werden und
  c. nicht unmittelbar zu einem Gastgewerbebetrieb gehören.
116 Gemäß § 34 Abs. 3 ist als Ferienzentrum eine Anlage anzusehen, die aus Wohnstätten, wie z. B. Ferienwohnhäuser oder Feriensiedlungen (Feriendörfer) in Verbindung mit sonstigen Freizeiteinrichtungen besteht.
117 Ein Apartmenthaus ist gemäß § 30 Abs. 2 Ktn ROG 2021 ein Gebäude mit mehr als drei selbstständigen Wohnungen, von denen aufgrund ihrer Lage, Größe, Ausgestaltung, Einrichtung oder aufgrund der vorgesehenen Eigentums- oder Bestandsverhältnisse anzunehmen ist, dass sie zur Deckung eines lediglich zeitweilig gegebenen Wohnbedarfes als Freizeitwohnsitz bestimmt sind.
118 Ein Hoteldorf ist gemäß § 30 Abs. 4 Ktn ROG 2021 eine von einem/einer Bauwerber:in nach einem Gesamtplan errichtete Anlage mit mehr als drei Gebäuden zur Unterbringung von Urlaubsgästen, von der aufgrund ihrer Lage, ihrer Ausgestaltung und Einrichtung sowie der räumlichen Naheverhältnisse der einzelnen Gebäude und aufgrund der vorgesehenen Eigentums- oder Bestandsverhältnisse anzunehmen ist, dass sie der gewerbsmäßigen Fremdenbeherbergung dient. Hoteldörfer müssen jedenfalls eine Verpflegung der Gäste anbieten und über ein Gebäude verfügen, in dem die zentralen Infrastruktureinrichtungen, wie Rezeption, Speisesäle, Restaurants, Cafés, Aufenthaltsräume und dergleichen, untergebracht sind.

Abb. 7: Alpendorf Dachstein West in der Gemeinde Annaberg, Salzburg

Quelle: Arthur Schindelegger, 2021

Verbot von Freizeitwohnsitzen in spezifischen Widmungen

Um die Darstellung der Steuerungsmöglichkeiten von Freizeitwohnsitzen über den Flächenwidmungsplan abzuschließen, ist dezidiert aufzuschlüsseln, in welchen Bauland- oder Sonderkategorien die Errichtung von Freizeitwohnsitzen überhaupt zulässig ist. Es ergibt sich dabei im raumordnungsgesetzlichen Ländervergleich – wie bei allen Widmungsbestimmungen – ein differenziertes Bild.

Im Burgenland können Freizeitwohnsitze grundsätzlich in allen Baulandkategorien, die Wohnen ermöglichen, errichtet werden. Wenn Freizeitwohnsitze aber in Ferienwohnhäusern oder Feriensiedlungen liegen, wird dafür eine entsprechende Widmung (zzgl. Bebauungsplan) benötigt. In Kärnten sind nach dem neuen Ktn ROG Freizeitwohnsitze nur mehr auf Flächen mit einer entsprechenden Sonderwidmung zulässig. In Oberösterreich sind Freizeitwohnsitze bei enger Auslegung des Oö ROG nur in gewidmeten Zweitwohnungsgebieten erlaubt.

Salzburg weist eine komplexe Regelung gemäß § 31 Slbg ROG auf, bei der Freizeitwohnsitze in allgemeinen Baulandkategorien ebenso wie in gewidmeten Zweitwohnungsgebieten zulässig sind. Wenn aber per Verordnung durch die Landesregierung ein Beschränkungsgebiet oder eine Beschränkungsgemeinde erklärt wird, sind neue Freizeitwohnsitze nur mehr in gewidmeten Zweitwohnungsgebieten erlaubt, wobei die Gemeinde von dieser Einschränkung auf Antrag per Bescheid eine zeitlich befristete Ausnahme (zehn Jahre) genehmigen kann.

In der Steiermark sind Freizeitwohnsitze in den Baulandkategorien, die Wohnnutzungen erlauben, sowie in gewidmeten Zweitwohnsitzgebieten zulässig. Die Gemeinden können aber – sofern sie Vorbehaltsge-meinde gemäß Stmk GVG sind – Gebiete im Flächenwidmungsplan als Beschränkungszonen erklären, in denen keine neuen Zweitwohnsitze begründet werden dürfen. Einen planungssystematisch neuen Weg geht der Stmk Gesetzgeber mit der Raumordnungsgesetznovelle LGBl. Nr. 45/2022. Gemeinden können gemäß § 26a Abs. 2 Z 2 Stmk ROG zur Sicherstellung geeigneter Flächen zur Errichtung von Hauptwohnsitzen nunmehr Vorbehaltsflächen ausweisen, wenn dies im örtlichen Entwicklungskonzept vorgesehen ist. Vorbehaltsflächen, die grundsätzlich Flächen für besondere Verwendungszwecke im öffentlichen Interesse reservieren, können somit in der Stmk nicht nur für Bauvorhaben für den herkömmlichen Gemeinbedarf, sondern ausdrücklich auch für Hauptwohnsitze festgelegt werden. Im Unterschied zu (Sonder-) Widmungen, durch die Liegenschaften für eine bestimmte Nutzung reserviert werden, enthalten Vorbehaltsflächen auch Ansätze für eine widmungskonforme Umsetzung.

Tirol verfügt traditionell über restriktive und umfangreiche Regelungen zu Freizeitwohnsitzen. Neue Freizeitwohnsitze sind nur in Wohngebieten, Mischgebieten, Sonderflächen zu Beherbergung von Gästen sowie auf Sonderflächen für Hofstellen mit einem entsprechenden Vermerk im Flächenwidmungsplan zulässig. Die Vorarlberger Regelung verfolgt dasselbe Prinzip und verlangt einen Zusatz zur Grundwidmung (Kern-, Wohn- und Mischgebiete) als Genehmigungsvoraussetzung für Ferienwohnungen nach Vlbg RplG.

Hervorzuheben ist an dieser Stelle, dass hier ausschließlich die Begründung solcher Freizeitwohnsitze betroffen ist, die für die baurechtliche Genehmigung eine entsprechende Widmung als Grundlage benötigen. Dies betrifft nicht jene Freizeitwohnsitze, die auf Basis von Ausnahmegenehmigungen, die in der Regel per Bescheid oder nach Ablauf einer Frist nach einer Meldung erfolgen.

Tab. 9: Zulässigkeit von Freizeitwohnsitzen in verschiedenen Widmungskategorien

Gesetzliche Bestimmung	Zulässig in	Nicht zulässig in	Sonderbestimmung
§§ 33, 35 Bgld RplG	Bauland-kategorien, die Wohnen ermöglichen	-	Ferienwohnhäuser, Feriensiedlungen, Ferienzentren nur auf Flächen mit einer Sonderwidmung gem. § 33 Abs. 1 Z 7 Bgld RplG
§ 30 Abs. 1 Ktn ROG	Sonderwid-mungen	Baulandkategorien, die Wohnen ermöglichen	-
NÖ	-	-	-
§ 22, § 23 Abs. 2 Oö ROG	Zweitwohn-ungsgebieten	allgemeinen Bauland-kategorien (Wohnge-bäude für den dauern-den Wohnbedarf)	-
§ 30 Abs. 1 Z 9, § 31 Abs. 1-5 Slbg ROG	Bauland kategorien, die Wohnen ermöglichen Zweitwohnungs-gebieten	Baulandkategorien, die Wohnen ermög-lichen, wenn ein Beschränkungsgebiet oder eine -gemeinde vorliegt.	Werden ganze Gemeinden oder einzelne Gebiete per Verordnung als Beschränkungsgemeinden/-gebiete erklärt, dürfen Zweitwohnungen nur in Zweitwohnungsgebieten verwendet werden. Gemeinden können auf Antrag Einzelbewilligungen mit einer Befristung auf 10 Jahre bescheidmäßig gewähren.
§ 26a, § 30 Abs. 1 Z 1-3 und Z 10 und Abs. 2 Stmk ROG	Bauland-kategorien, die Wohnen ermöglichen Zweitwohnsitz-gebieten	Vorbehaltsflächen für Hauptwohnsitze	In Vorbehaltsgemeinden nach Stmk GVG können Gemein-den Beschränkungszonen für Zweitwohnsitze im FWP verordnen, in denen keine Zweitwohnsitze begründet werden dürfen.
§ 13 Abs. 2 TROG	Wohngebieten, Mischgebieten, auf Sonderflächen zur Beherbergung von Gästen sowie auf Sonderflächen für Hofstellen, wenn dies für einen bestim-mten Bereich durch eine Festlegung im Flwp für zulässig erklärt wurde.	Bauland-kategorien, die Wohnen ermöglichen	-
§ 16 Abs. 1 Vlbg RplG	Kern-, Wohn- und Misch-gebieten (Grundwidmung) mit Widmungszusatz	Bauland-kategorien, die Wohnen ermöglichen.	-
WBO	-	-	-

2.5.3 Bebauungsplanung

Bebauungspläne sind grundsätzlich dem **örtlichen Entwicklungskonzept und dem Flächenwidmungsplan** hierarchisch **nachgeordnet** und dürfen diesen Plänen nicht widersprechen. Der Bebauungsplan, der durchwegs von den Gemeinden verordnet wird, kann neben einem Planteil auch aus einem Textteil bestehen, in dem Bebauungsvorschriften festgelegt werden. Bebauungsplänen, die teilweise abgestuft werden können,[119] kommt die Aufgabe zu, eine zweckmäßige und geordnete Bebauung durch die Festlegung baulicher Gestaltungskriterien zu bewirken. Bebauungspläne bzw. Teilbebauungspläne legen Einzelheiten der Bebauung für die als Bauland bzw. auch als Grünland ausgewiesenen Flächen fest und bestimmen die bauliche Gestaltung und die entsprechende Verkehrserschließung.[120]

Die Bebauungsplanung wird generell nicht flächendeckend für alle Siedlungsgebiete genutzt, da die Raumordnungsgesetze der Bundesländer die Gemeinden überwiegend zur Erstellung von Bebauungsplänen ermächtigen. Gerade für Sondernutzungen, die aufgrund ihrer Größe, Nutzung und Standortwahl signifikante Auswirkungen auf das unmittelbare Siedlungsumfeld erwarten lassen, gibt es in einzelnen Raumordnungsgesetzen eine Verpflichtung, Bebauungspläne als baurechtliche Genehmigungsvoraussetzung zu erstellen. Bebauungspläne regeln vor allem die Abgrenzung von Verkehrsflächen und Bauplätzen sowie die zulässige bauliche Entwicklung (Höhe, Dichte, Bauweise etc.) und nehmen unmittelbar auf die Flächenwidmung Bezug.[121] Die Bebauungsplanung kann für Gemeinden im Zusammenhang mit der Steuerung von Freizeitwohnsitzen nützlich sein:
→ **Verpflichtung per Gesetz**: Im Burgenland ist für Ferienwohnhäuser, Feriensiedlungen und Ferienzentren, die bereits eine entsprechende Sonderwidmung benötigen, gemäß § 35 Abs. 1 Bgld RplG die Erstellung eines Bebauungsplans verpflichtend. Eine ähnliche Regelung hat Vorarlberg, wo gemäß § 16 Abs. 1 Vlbg RplG für Baulandwidmungen mit einem Zusatz für Ferienwohnungen ebenfalls eine Bebauungsplanungspflicht besteht. In Oberösterreich wird gemäß § 23 Abs. 2 Oö ROG für die Gemeinde die Einschränkung der Wohnnutzfläche in Zweitwohnungsgebieten erlaubt.
→ **Selbstverpflichtung**: In jenen Bundesländern, in denen keine gesetzliche Verpflichtung zur Bebauungsplanung im Zusammenhang mit Freizeitwohnsitzen besteht, können Gemeinden aber über das örtliche Entwicklungskonzept oder Flächenwidmungspläne Bereiche definieren, für die eine Bebauungsplanungspflicht gilt. Somit kann über diesen Umweg auch eine Bebauungsplanungspflicht für Freizeitwohnsitze definiert werden. Verpflichten Gemeinden zur Erstellung von Bebauungsplänen, sind diese in der Folge auch zu erlassen. Nach Ansicht des VfGH[122] zum Grazer Flächenwidmungsplan, der die Erforderlichkeit einer Bebauungsplanung für ein bestimmtes Grundstück vorschrieb, stellt langjährige Nichterlassung des Bebauungsplans ein effektives Bauverbot und unverhältnismäßige Eigentumsbeschränkung dar.

Die Bebauungsplanungspflicht kann zwar nicht die Nutzung selbst steuern, sehr wohl aber die bauliche Gestaltung. Damit bleibt für die Gemeinden insb. die Möglichkeit gewahrt, sicherzustellen, dass eine ortsübliche und angepasste Bebauung erfolgt.

2.5.4 Vertragsraumordnung

Unter Vertragsraumordnung werden **privatrechtliche Vereinbarungen zwischen Gemeinden und Privatpersonen** zur Umsetzung raumplanerischer Zielvorstellungen verstanden. Mit solchen Verträgen sollen öffentliche Interessen der Raumplanung mit privatrechtlichen Mitteln durchgesetzt werden. Planungssystematisch zählt die Vertragsraumordnung nicht zu den hoheitlichen Planungsinstrumenten, sondern gilt als zivilrechtliche Vereinbarung, die in der Regel im Zuge einer kommunalen Planungsmaßnahme der Flächenwidmungs- und Bebauungsplanung abgeschlossen wird. Somit sind Vereinbarungen zwischen Gemeinden und Grundeigentümer:innen bzw. Projektentwickler:innen als Ergänzungen zu hoheitlichen Planungsmaßnahmen kommunaler Planungsträger:innen zu werten.

Über die letzten Jahrzehnte hinweg wurden in allen ROG der Bundesländer die gesetzlichen Ermächtigungen für die Vertragsraumordnung, städtebauliche Verträge bzw. privatrechtliche Vereinbarungen zwischen Gemeinden und Grundeigentümer:innen und damit das besondere öffentliche Interesse an diesem Instrumentarium gesetzlich verankert. Die Vertragsraumordnung ist somit ein in den Raumordnungsgesetzen der Länder mittlerweile etabliertes ergänzendes Instrument zur hoheitlich-normativen Raumplanung. Raumordnungsverträge bieten die Möglichkeit, auf die jeweiligen individuellen Themenstellungen flexibel eingehen zu können. So können mittels privatrechtlicher Verträge Verein-

119 z. B. werden in Salzburg Bebauungspläne mehrerer Stufen unterschieden, nämlich der Grundstufe, der erweiterten Stufe und der Ausbaustufe.
120 Gruber et.al 2018, S 114.
121 Gruber et. al., 2018, S 114f.
122 VfGH V249/2021.

barungen getroffen werden, welche über hoheitlich regelbare Aspekte hinausgehen, wenn dadurch Planungsziele erreicht werden und gegen gesetzliche Bestimmungen nicht verstoßen wird.[123]

Gemeinden können entsprechend der bestehenden gesetzlichen Ermächtigung zivilrechtliche Verträge mit Grundstückseigentümer:innen schließen.[124] Die zulässigen Inhalte solcher Verträge sind in den jeweiligen Planungsgesetzen der Länder enthalten. Im Zusammenhang mit der Untersuchung von Freizeitwohnsitzen sind vor allem Nutzungsverträge[125] relevant. In diesen erklärt sich der/die Vertragspartner:in damit einverstanden, die gemäß Flächenwidmungsplan zulässige Nutzung innert einer festgesetzten Frist herzustellen. Das bedeutet idR die Errichtung und Fertigstellung eines Wohngebäudes bei sonstigen Vertragsstrafen oder einer Einverständniserklärung zur entschädigungslosen Rückwidmung.

Die Judikatur zur Vertragsraumordnung vor dem OGH hat sich in einzelnen Fällen auch mit Verträgen im Zusammenhang mit der angestrebten Vermeidung von Freizeitwohnsitzen beschäftigt. Während bei klassischen Nutzungsverträgen nach Errichtung und Herstellung der Nutzung der Vertragsinhalt erfüllt ist, haben Gemeinden teilweise auch versucht, die Nutzung konform mit dem Flächenwidmungsplan als Dauerschuld über Verträge, die auch verbüchert werden, abzusichern. Der OGH hat 2012 in einer Entscheidung festgestellt, dass derartige Vertragsinhalte der de facto Unterlassung der Nutzung als Freizeitwohnsitz keine Reallast darstellen und unzulässig sind.[126] Das ist auch dadurch begründet, dass im gegenständlichen Fall eine Nutzung als Freizeitwohnsitz schon von Gesetzes wegen durch die Flächenwidmung ausgeschlossen war.

An dieser Stelle ist zu unterstreichen, dass die Steuerungswirkung der Vertragsraumordnung im Zusammenhang mit Freizeitwohnsitzen vergleichsweise gering ist und in erster Linie ein zusätzliches Hilfsmittel sein kann, um sicherzustellen, dass der/die Vertragspartner:in die zulässige Nutzung vornimmt. Vertragsinhalte sind von den Gemeinden im Zivilrechtsweg einzuklagen und bedürfen entsprechend guter juristischer Beratung sowie ausreichender Ressourcen in der Administration. Um die Einhaltung der Raumordnungsverträge sicherstellen zu können, werden üblicherweise Sicherungs- und Sanktionsmöglichkeiten in den Verträgen vereinbart. So werden etwa Konventionalstrafen festgelegt, welche bei einem Vertragsbruch an die Gemeinde zu entrichten

sind, was den Druck auf die Eigentümer:innen bzw. Investor:innen erhöht, ihre Liegenschaften der vertraglich vereinbarten Nutzung tatsächlich zuzuführen und die vorgeschriebene Nutzung auch beizubehalten.

Städtebauliche Verträge stellen nicht nur eine Herausforderung bei der Vertragserstellung und -unterzeichnung dar, sondern auch bei der Umsetzung der vereinbarten Inhalte. Obwohl es bislang keine umfassenden Untersuchungen bezüglich Einhaltung von Verträgen gibt, scheuen offensichtlich einzelne Gemeinden eine umfassende Durchsetzung von vereinbarten Vertragsinhalten. Ähnlich der mangelnden Bereitschaft zu planerischen Zwangsmaßnahmen wird teilweise auch das Einklagen von Vertragsinhalten und die Durchsetzung von Sanktionen als politisch wenig attraktive Variante angesehen.

2.5.5 Ausnahmebestimmungen für Freizeitwohnsitze

Ein Blick in die Raumordnungsgesetze der Länder zeigt, dass die vermeintlich klaren und restriktiven Beschränkungen von Freizeitwohnsitzen in manchen Bundesländern auf komplexe Übergangsbestimmungen treffen, die Bezug auf vormals bestehende Regelungen nehmen und umfangreiche Ausnahmetatbestände vorsehen, wobei die Ausnahmen in der Regel an fachlichen Kriterien zu prüfen sind.

Meldung/Genehmigung von rechtmäßig bestehenden Freizeitwohnsitzen

Durch die Änderungen und Anpassungen der planungsrechtlichen Bestimmungen zu Freizeitwohnsitzen gibt es über die Jahrzehnte durchaus auch signifikante Änderungen im Zugang des Gesetzgebers. Das bedingt, dass Salzburg und Tirol über Übergangsbestimmungen verfügen, die die Meldung rechtmäßig bestehender Freizeitwohnsitze ermöglichen.

In **Salzburg** wurde mit der Novellierung des Slbg ROG das Regelungsregime zu Freizeitwohnsitzen grundsätzlich geändert. In Beschränkungsgemeinden (mehr als 16 % aller Wohnsitze weisen keine Hauptwohnsitznutzung auf) sind Zweitwohnungen gem. Slbg ROG nur mehr in gewidmeten Zweitwohnungsgebieten zulässig. Nachdem aber viele Zweitwohnungen bereits außerhalb solcher spezifisch gewidmeten Flächen bestehen, wurde dies in der Novelle entsprechend berücksichtigt. § 86 Abs 15 Slbg ROG erlaubt für bestehende Wohnungen die beab-

---

123 Kleewein, 2003, S 72f.
124 Kleewein, 2003, S 73.
125 § 24 Abs. 4 Z 2 Bgld RplG 2019, § 53 Abs. 2 Z 3 Ktn ROG 2021, § 17 Abs. 3 Z 1 Nö ROG 2014, § 16 Abs. 1 Z 1 Oö ROG 1994, § 18 Abs. 1 Slbg ROG 2009, § 35 Abs. 1 Stmk ROG 2010, § 33 Abs. 3 TROG 2022, § 38a Abs. 2 Vlbg RplG 1996, § 1a WrBauO 1930.
126 Faber, 2013.

sichtige künftige Verwendung als Zweitwohnung zu melden. Die Salzburger Landesregierung erließ in der Folge 2018 die **Zweitwohnung-Deklarierungsverordnung**[127] aufgrund derer die Gemeinde sich innerhalb von vier Wochen ab Einlagen der Erklärung eine Entscheidung durch Bescheid vorbehalten konnte. Die Möglichkeit der Deklaration lief mit Jahresende 2020 aus. Erst jüngst beschäftigte sich der VfGH mit dieser Deklaration von Zweitwohnungen und hob § 31 Abs. 2 Z 5 und § 86 Abs. 15 Slbg ROG als verfassungswidrig auf.[128] Die Beschwerdeführerin im gegenständlichen Fall erhielt auf ihre Anzeige, eine Wohnung in Bad Hofgastein künftig als Zweitwohnung nutzen zu wollen, einen negativen Bescheid der Gemeindevertretung mit der Begründung, dass der Erwerb weniger als drei Jahre zurückliege. Im Zuge des Instanzenzuges wandte sich die Beschwerdeführerin an den VfGH, der Bedenken ob der Verfassungsmäßigkeit der später aufgehobenen Bestimmungen des Slbg ROG hegte. Bei der Prüfung des Sachverhaltes wurde festgestellt, dass der Salzburger Gesetzgeber mit der Möglichkeit der Deklarierung von Zweitwohnungen eine partielle und ungerechtfertigte Ausnahme vom implementierten Regelungsregime vorsah und damit ein Verstoß gegen den Gleichheitsgrundsatz vorliegt.

In **Tirol** untersagte der Gesetzgeber mit der Wiederverlautbarung des TROG 1994 die Schaffung neuer Freizeitwohnsitze, wie auch die Vergrößerung bestehender Freizeitwohnsitze und etablierte damit ein generelles Verbot. Im davor bestehenden rechtlichen Regelungsregime war es vergleichsweise einfach möglich, einen Freizeitwohnsitz zu errichten. Der VfGH erkannte im kompletten Verbot der Neuschaffung von Freizeitwohnsitzen einen Verstoß gegen das Eigentumsrecht und eine unverhältnismäßige, im Allgemeininteresse nicht erforderliche Eigentumseinschränkung.[129] 1996 stellte der VfGH diesen Mangel im Zusammenhang mit anderen Aspekten erneut fest und erklärte das gesamte TROG 1994 als verfassungswidrig.[130] Selbst in der TROG-Novelle 1996 behob der Gesetzgeber den festgestellten Mangel nicht, weshalb der VfGH erneut die Verfassungswidrigkeit des generellen Verbotes feststellte.[131] Mit der ersten Novelle des TROG 1997[132] wurde schlussendlich die Freizeitwohnsitzquote eingeführt und der verfassungswidrige Mangel endgültig behoben. Im Nachgang zur höchstgerichtlichen Klärung des Sachverhalts wurden Bestimmungen zur **nachträglichen Anmeldung von Freizeitwohnsitzen** aufge-

nommen.[133] Wohnsitze, die am 31. Dezember 1993 – also unmittelbar vor dem Inkrafttreten des TROG 1994 – rechtmäßig als solche verwendet worden sind, konnten letztmalig bis zum 30. Juni 2014 beim/bei der Bürgermeister:in nachträglich angemeldet werden. Die Anmeldung hat unter Beibringung entsprechender Unterlagen zu erfolgen, und mittels Bescheides ist durch den/die Bürgermeister:in festzustellen, ob der Wohnsitz als Freizeitwohnsitz verwendet werden darf.

Ausnahmen per Bescheid

In Kärnten, Salzburg, Tirol und Vorarlberg gibt es in den Raumordnungsgesetzen zu Freizeitwohnsitzen spezifische Ausnahmetatbestände, die in der Regel durch Bescheid der Gemeinde die Errichtung und Nutzung von Freizeitwohnsitzen ermöglichen. Wie bereits dargestellt, verfügen diese Bundesländer über vergleichsweise restriktive Freizeitwohnsitzbestimmungen, die durch die Ausnahmebestimmungen sozusagen aufgeweicht werden können. Unter folgenden Voraussetzungen ist die Erteilung von Ausnahmegenehmigungen zulässig:

→ **Übertragung an Erb:innen oder geänderte Lebensumstände**: In Kärnten ermöglicht das Ktn ROG neue Freizeitwohnsitze an und für sich nur auf entsprechend gewidmeten Flächen. Die Verwendung von bestehenden Gebäuden und Gebäudeteilen kann aber in die eines Freizeitwohnsitzes geändert werden, wenn Eigentümer:innen oder Erb:innen eine Verwendung zur Deckung eines ganzjährigen Wohnbedarfs nicht möglich oder zumutbar ist.[134] Diese Gründe sind in einer schriftlichen Mitteilung gemäß § 7 Abs. 4 K-BO 1996 an die Baubehörde zu richten.

→ In **Tirol** können Bürgermeister:innen auf Antrag eine Ausnahmebewilligung über die Nutzung eines Freizeitwohnsitzes erteilen, wenn der Antrag durch den Erben/die Erbin oder Vermächtnisnehmer:in erfolgt oder geänderte Lebensumstände vorliegen.[135]

→ In **Vorarlberg** finden sich die umfangreichsten Ausnahmebestimmungen. Die Gemeindevertretung kann die Nutzung als Ferienwohnungen auf Antrag des/der Eigentümers/Eigentümerin für zulässig zu erklären, wenn er/sie zum Kreis der gesetzlichen Erb:innen des/der vormaligen Eigentümer:in gehört, und die Wohnung ihm nicht zur Deckung eines ganzjährigen gegebenen

---

127 LGBl. Slbg Nr. 112/2018.
128 VfGH vom 30. Juni 2022, G 366/2021-9.
129 VfSlg 13964/1994.
130 VfSlg 14679/1996.
131 VfSlg 14795/1997.
132 LGBl. Nr. 28/97.
133 § 17 Abs. 1-3 TROG 2022.
134 § 44 Abs. 5 Ktn ROG 2021.
135 § 13 Abs. 8 TROG 2022.

Wohnbedarfs dient (erlaubt nur die Nutzung durch den/die Bewilligungsinhaber:in und seine/ihre nahen Angehörigen).[136]

→ **Berücksichtigungswürdige Gründe:** In **Salzburg** kann die Gemeindevertretung die Verwendung einer Wohnung als Zweitwohnung außerhalb ausgewiesener Zweitwohnungsgebiete aus berücksichtigungswürdigen Gründen auf Antrag ausnahmsweise gestatten. Die Ausnahme ist auf höchstens zehn Jahre zu befristen und soweit erforderlich, unter Auflagen oder Bedingungen zu erteilen.[137]

→ **Im Zusammenhang mit gastgewerblichen Beherbergungsbetrieben:** In Vorarlberg können Eigentümer:innen eines gastgewerblichen Beherbergungsbetriebes einen Antrag auf bescheidmäßige Genehmigung von Ferienwohnungen stellen, wenn die Nutzung als Ferienwohnung zur Errichtung oder Aufrechterhaltung des Beherbergungsbetriebes aus wirtschaftlichen Gründen notwendig ist, die Geschoßflächen der betroffenen Ferienwohnungen im Verhältnis zu den Geschoßflächen der gewerblichen Beherbergung dienenden Gebäude oder Gebäudeteile 10 % nicht übersteigen, die betroffenen Ferienwohnungen in einem räumlichen Naheverhältnis zum Beherbergungsbetrieb stehen und mit diesem in organisatorischer oder funktionaler Hinsicht eine Einheit bilden.[138] Die Gemeinde kann auch ein niedrigeres Verhältnis zur Geschoßfläche festlegen.

→ **Im Zusammenhang mit landwirtschaftlichen Wohngebäuden:** Ebenfalls in Vorarlberg können Eigentümer:innen betreffend des Wohnteils eines Maisäß-, Vorsäß- oder Alpgebäudes einen Antrag auf Genehmigung als Ferienwohnung stellen, wenn das Gebäude in einem mit Verordnung der Gemeindevertretung ausgewiesenen Maisäß-, Vorsäß- oder Alpgebiet liegt und der/die Eigentümer:in nachweist, dass die ortsübliche landwirtschaftliche Bewirtschaftung der ihm/ihr gehörenden landwirtschaftlichen Flächen in diesem Gebiet rechtlich und tatsächlich gesichert ist und die darauf befindlichen Wirtschaftsgebäude tatsächlich erhalten werden. Eine solche Verordnung der Gemeindevertretung darf nur Flächen erfassen, die als Maisäß, Vorsäß oder Alpe genutzt werden oder wurden und aufgrund ihrer Charakteristik als Kulturlandschaft erhaltenswert sind. Die Verordnung der Gemeindevertretung bedarf zu ihrer Wirksamkeit der Genehmigung der Landesregierung, wobei die Genehmigung nur versagt werden darf, wenn die Verordnung rechtswidrig ist.[139]

Ausnahmen ohne Bescheid

→ **Übertragung an gesetzliche Erb:innen:** In Salzburg dürfen Wohnungen, die durch Rechtserwerb von Todes wegen oder nach zehnjähriger Hauptwohnsitznutzung durch Schenkung oder Übergabevertrag von Personen erworben worden sind, die zum Kreis der gesetzlichen Erb:innen gehören, auch außerhalb von Zweitwohnungsgebieten als Zweitwohnung genutzt werden.[140]

→ **Rechtmäßig bestehende Freizeitwohnsitze:** Im Slbg ROG wird konkret darauf verwiesen, dass Zweitwohnungen, die baurechtlich bewilligt worden sind,[141] und auch Wohnsitze, die bereits vor dem 1. März 1993 für Zwecke des Urlaubs, des Wochenendes oder anderer Freizeitzwecke als Zweitwohnung verwendet worden sind,[142] als solche weiterhin genutzt werden dürfen.

Ausnahmen von den generellen restriktiven Bestimmungen sind also in den meisten Fällen nur auf Antrag möglich und per Bescheid durch den/die Bürgermeister:in oder den Gemeinderat/-vorstand zu beantworten.

---

136 § 16 Abs. 4 lit a und b Vlbg RplG 1996.
137 § 31 Abs. 3 Slbg ROG 2009.
138 § 16 Abs. 4 lit c Vlbg RplG 1996.
139 § 16 Abs. 4 lit d Vlbg RplG 1996.
140 § 31 Abs. 2 Z 1 Slbg ROG 2009.
141 § 31 Abs. 2 Z 2 Slbg ROG 2009.
142 § 31 Abs. 2 Z 4 Slbg ROG 2009..

3 ERHEBUNG VON FREIZEITWOHNSITZEN UND ABGABEN

Die Diskussion der Steuerung von Freizeitwohnsitzen wirft unmittelbar die Frage auf, wie viele Freizeitwohnsitze es in Österreich überhaupt gibt. Und wenn die Zahl bekannt ist, dann ist insbesondere raumplanerisch von Interesse, wie diese auf die Gemeinden verteilt sind und wo sie sich befinden. Die Realität zeigt, dass sich diese Fragen nicht ohne Weiteres beantworten lassen. Wie dargestellt, gibt es einerseits genehmigte Freizeitwohnsitze auf Basis von Bescheiden, Widmungen oder Ausnahmegenehmigungen und andererseits Freizeitwohnsitze, die zwar als solche genutzt werden, aber über keine ausreichende Genehmigung verfügen. Landläufig wird dann gerne von „illegalen" Freizeitwohnsitzen gesprochen.

Hinzu kommen genehmigte Freizeitwohnsitze, die (noch) nicht errichtet wurden oder als solche verwendet werden. So gesehen ist es essenziell, einen Blick auf die Registrierung von Freizeitwohnsitzen zu werfen und auch zu klären, welche Abgaben für Kommunen mit Freizeitwohnsitzen generiert werden können.

3.1 Registrierung von Freizeitwohnsitzen

Das Meldewesen kennt keine Unterscheidung von Hautwohnsitzen und Freizeitwohnsitzen im Sinn der raumordnungs- und grundverkehrsrechtlichen Regelungen. Innerhalb von drei Tagen ab Bezug eines Wohnsitzes ist dieser bei der Meldebehörde anzuzeigen.[143] Dabei wird lediglich zwischen Hauptwohnsitzen und weiteren Wohnsitzen unterschieden. Die ÖROK hat in ihrem Atlas daher auch eine Karte zu Wohnungen ohne Hauptwohnsitz auf Bezirksebene (Datenstand 2011) publiziert, die deutlich zeigt, dass es einen beträchtlichen Anteil an „weiteren Wohnsitzen", aber wohl auch Leerständen gibt.

Um eine konkrete Aussage zur Anzahl der Freizeitwohnsitze treffen zu können, braucht es einen Erhebungsmechanismus abseits des Meldewesens – und somit eine systematische Erfassung durch die Planungsträger:innen. Dabei zeigt sich, dass nur wenige Bundesländer eine systematische Erhebung von Freizeitwohnsitzen vorsehen und zu den tatsächlich (vermuteten) Freizeitwohnsitzen lediglich

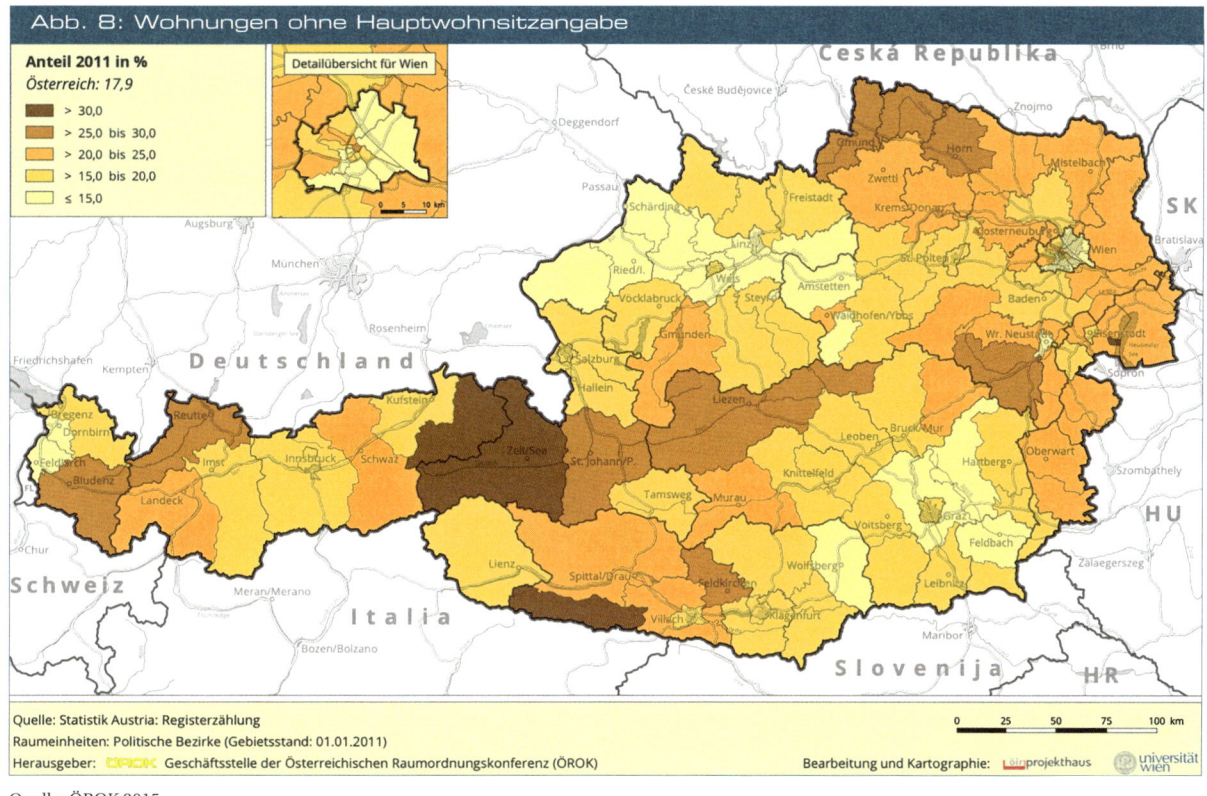

Abb. 8: Wohnungen ohne Hauptwohnsitzangabe

Quelle: ÖROK 2015

---

143 § 2 Abs. 1 Meldegesetz 1991 (MeldeG).

vage Einschätzungen vorliegen. Zu beachten bei der Erhebung von Freizeitwohnsitzen ist, dass nicht nur bereits existierende Freizeitwohnsitze, sondern auch jene erhoben werden sollten, die jederzeit auf Basis einer bestehenden Genehmigung realisiert werden können. Die vermeintlich einfache Aufgabe ein Verzeichnis über Freizeitwohnsitze zu führen, stellt sich damit als komplexe Aufgabe heraus, die sich aufgrund der einfach zu ändernden Nutzung tagesaktuell unterscheidet.

Im Vergleich der Bundesländer gibt es bzgl. der Erhebung von Freizeitwohnsitzen grundsätzlich zwei Gruppen: solche, die kein einheitliches landesweites Verzeichnis vorsehen und jene, die die Gemeinden verpflichten, die Freizeitwohnsitze zu erheben und an das Land zu melden.

Obwohl es im **Burgenland** eine Ferienwohnungsquote gibt, und damit das Wissen über die Freizeitwohnsitze für die Erklärung zur Vorbehaltsgemeinde[144] unabdingbar ist, gibt es keine Vorgaben, wer die dafür erforderlichen Daten zu erheben und wie der Freizeitwohnsitzanteil konkret zu berechnen ist. Implizit kann man auf Basis der rechtlichen Bestimmungen davon ausgehen, dass die Verpflichtung bei der Landesregierung liegt, da diese auf Basis des GVG für die Erklärung von Vorbehaltsgemeinden tätig werden muss, die Gemeinden im Erklärungsverfahren lediglich zu hören sind und somit auch über kein Antragsrecht verfügen.[145] Hinzu kommt, dass Freizeitwohnsitze in einschlägig gewidmeten Tourismus- und Erholungsgebieten von den Einschränkungen in Vorbehaltsgemeinden ohnehin nicht erfasst werden. Es gibt im Burgenland also kein durchgängiges Freizeitwohnsitzverzeichnis und insgesamt keine einheitliche und aktuelle Datenlage zur tatsächlichen Anzahl von Freizeitwohnsitzen. In **Kärnten** wurden die planungsrechtlichen Grundlagen jüngst umfassend novelliert und Freizeitwohnsitze sind nach den aktuellen Bestimmungen nur mehr auf Flächen mit entsprechender Sonderwidmung[146] zulässig. Kärnten sieht keine Ferienwohnungsquote und keinerlei Bestimmungen über die Führung eines Freizeitwohnsitzverzeichnisses vor. In **Oberösterreich** existiert ebenfalls keine Verpflichtung zur Führung eines Verzeichnisses über existierende Freizeitwohnsitze. Die Landesregierung kann basierend auf im Oö GVG angeführten Kriterien Vorbehaltsgebiete erklären[147] und hat dafür u. a. die Anzahl der existierenden Freizeitwohnsitze heranzuziehen. Die Regelung impli-

ziert also, dass die Landesregierung über Informationen über die Anzahl der Freizeitwohnsitze verfügt, eine explizite Verpflichtung zur Erfassung mittels einer gesetzlichen Grundlage gibt es aber nicht. In **Salzburg** erledigt sich durch die raumordnungsrechtliche Neuregelung der Freizeitwohnsitze 2018 die Notwendigkeit eines Verzeichnisses. Der Anteil an Wohnungen, für die keine Hauptwohnsitzmeldung besteht, kann tagesaktuell ermittelt und damit festgestellt werden, ob eine Beschränkungsgemeinde vorliegt. Wie viele der Wohnungen ohne Hauptwohnsitzmeldung allerdings Freizeitwohnsitze sind, kann damit aber nicht gesagt werden. Die Situation wird dadurch erschwert, dass der VfGH die nachträgliche Meldung auf Basis einer Verordnung und die zugehörigen Bestimmungen im Slbg ROG als verfassungswidrig aufgehoben hat. In der **Steiermark** ist trotz der Existenz einer – sehr großzügigen – Quotenregelung kein Freizeitwohnsitzverzeichnis zu führen.

Da **Niederösterreich und Wien** generell über keine Regelungen zu Freizeitwohnsitzen verfügen, bleiben nur Tirol und Vorarlberg, die bereits konkrete Regelungen über die Führung von Freizeitwohnsitzverzeichnissen vorsehen. Dabei wird die unmittelbare Erhebung den Gemeinden zugewiesen, die die aktuellen Daten an das Land zu melden haben.

Konkret hat in **Tirol** der Bürgermeister/die Bürgermeisterin ein Verzeichnis über Wohnsitze, die als Freizeitwohnsitze verwendet werden dürfen, zu führen. Das Verzeichnis hat sehr umfangreiche Daten zu enthalten:
a) Namen, Geburtsdatum, Adresse der Eigentümer:innen und sonstiger Verfügungsberechtigter,
b) Nummer und Widmung des Grundstücks,
c) Adresse des Wohnsitzes,
d) Baumasse und Wohnnutzfläche des Wohnsitzes.[148]

Wohnsitze, deren Eigenschaft als Freizeitwohnsitz erloschen ist, deren Ausnahmebewilligung aufgehoben wurde, oder wenn die Baubewilligung erloschen ist, sind entsprechend aus dem Verzeichnis zu entfernen. Der Bürgermeister/die Bürgermeisterin hatte bis 1. Juli 2017 sämtliche Informationen zum Verzeichnis an die Landesregierung in elektronischer Form mitzuteilen. Änderungen, sprich Löschungen oder Einträge, sind innerhalb eines Monats der Landesregierung mitzuteilen und diese hat diese Daten auf der Internetseite des Landes Tirol zu veröffentlichen.[149]

---

144 § 8 Abs. 1 Bgld GVG. 2007
145 § 8 Abs. 3 Bgld GVG 2007.
146 § 30 Abs. 1 Ktn ROG 2022.
147 § 6 Abs. 1 Oö GVG 1994.
148 § 14 Abs. 1 TROG 2022. Das Verzeichnis hat Freizeitwohnsitze gem. § 13 Abs. 3 erster Satz, § 13 Abs. 6 erster Satz und § 13 Abs. 8 erster Satz TROG zu enthalten.
149 § 14 Abs. 4 TROG 2022. Das aktuelle Verzeichnis der Freizeitwohnsitze kann online abgerufen werden: https://www.tirol.gv.at/statistik-budget/statistik/freizeitwohnsitze/, 5.9.2022.

Der derzeit online verfügbare Datenstand ist mit 13. Juni 2019 angegeben und enthält neben den Freizeitwohnsitzen den absoluten Wohnungsbestand pro Gemeinde mit Stand 2011. Damit zeigen sich auch die Herausforderungen, die mit der Führung des Verzeichnisses einhergehen. Es ist wohl kaum vorstellbar, dass seit dem Juni 2019 keine Freizeitwohnsitze in Tirol genehmigt oder errichtet wurden. Entsprechend der gesetzlichen Regelung muss darüber seitens der Gemeinde innerhalb eines Monats eine Meldung an die Landesregierung erfolgen und diese die Informationen im Sinn der Regelungsabsicht des TROG umgehend online publizieren. Hinzu kommt, dass eine Meldung der Gemeinde an die Landesregierung nicht den aktuellen Gesamtwohnungsbestand zu beinhalten hat. Dementsprechend ist im zur Verfügung gestellten Datensatz auch nur der Wohnungsbestand aus dem Zensus 2011 enthalten. Damit kann durch interessierte Personen nicht eindeutig nachvollzogen werden, ob die Gemeinde aktuell einen Freizeitwohnungsanteil über oder unter 8 % am Gesamtwohnungsbestand hat.

Als zweites Bundesland verfügt **Vorarlberg** bereits über ein sogenanntes Ferienwohnungsverzeichnis. Auch hier haben die Bürgermeister:innen dieses Verzeichnis zu führen und alle Wohnungen und Wohnräume einzutragen, die aufgrund einer Widmung, einer Bewilligung oder einer Anzeige nach der Übergangsbestimmung in der RplG Novelle 1993[150] als Ferienwohnung gem. der Definition im Vlbg RplG genutzt werden dürfen.[151] Ähnlich der Tiroler Regelung hat das Verzeichnis ebenfalls (a) Name und Adresse des Eigentümers/der Eigentümerin, (b) die Nummer des Grundstücks, (c) die Adresse und Bezeichnung der Ferienwohnung und (d) den Rechtsgrund für die Nutzung als Ferienwohnung zu enthalten.[152] Fällt der Rechtsgrund einer Ferienwohnung weg, ist diese aus dem Verzeichnis zu streichen. Die Gemeinden sind verpflichtet, der Landesregierung auf Verlangen das Ferienwohnungsverzeichnis zu übermitteln. Es be-steht seitens der Landesregierung aber keine Verpflichtung, dieses Verzeichnis analog zu Tirol zu publizieren. Wichtig zu erwähnen ist, dass anders als in Tirol, wo alle Gemeinden dieses Verzeichnis zu führen haben, all jene Vorarlberger Gemeinden von der Verpflichtung ausgenommen sind, für die generell die Bestimmungen zu Ferienwohnungen des Vlbg RplG nicht zur Anwendung kommen.[153]

In der Gesamtschau der raumordnungsrechtlichen Regelungen muss festgestellt werden, dass die Frage nach der Anzahl der bestehenden und genehmigten Freizeitwohnsitze pro Gemeinde, Bezirk, Land bzw. für ganz Österreich alles andere als leicht bzw. gar nicht zu beantworten ist. Es gibt bis auf die Verzeichnisse in Tirol und Vorarlberg (mit Einschränkungen) keine gesetzliche Verpflichtung, Verzeichnisse über Freizeitwohnsitze zu führen. Das ist insofern eine interessante Erkenntnis, da sich Bestimmungen zu Freizeitwohnsitzquoten oder der Ausweisung von Vorbehaltsgebieten/-gemeinden auf aktuelle Werte zu stützen haben und auch die Einhebung allfälliger Freizeitwohnsitzabgaben grundsätzlich die vollständige Erfassung aller Freizeitwohnsitze voraussetzt.

3.2 Abgaben für Freizeitwohnsitze

Freizeitwohnsitze haben für Gemeinden erhebliche finanzielle Implikationen. Im Zuge des Finanzausgleichs erhalten Gemeinden für Einwohner:innen Ertragsanteile. Diese werden aber nicht fällig, wenn nur weitere Wohnsitze bestehen. Sprich für temporäre Nutzer:innen von Ausbildungs-, Arbeits- und Freizeitwohnsitzen erhalten die Gemeinden aus dem Finanzausgleich keine Mittel. Natürlich sind für die Wohnsitze sehr wohl die kommunalen Infrastrukturabgaben (z. B. Wasserversorgungs- und Abwassergebühren bzw. Müllgebühren) und die Grundsteuer abzuführen, die Gemeinden die Deckung kommunaler Dienstleistungen ermöglicht. Tendenziell stellen Wohnsitze mit temporärer Nutzung für Gemeinden kein ökonomisch reizvolles Modell dar.

Für Gemeinden ist es daher essenziell, die Möglichkeit zu haben, insb. Freizeitwohnsitze mit einer Abgabe zu belegen, um die finanziellen Nachteile gegenüber Hauptwohnsitzen nach Möglichkeit auszugleichen. Im Finanzausgleichsgesetz (FAG) wurde daher 1993 eine Ermächtigung für die Regelung einer Zweitwohnsitzabgabe als ausschließliche Landes(Gemeinde-)abgabe eingeführt.[154] Es handelt sich also nicht um eine freie Beschlussrechtsabgabe, die durch die Gemeinden ausgestaltet werden kann, sondern bedarf einer landesgesetzlichen Regelung. Einschlägige Landesgesetze bestehen derzeit in Kärnten, Salzburg, der Steiermark, Tirol und Vorarlberg. Das Burgenland und bis vor Kurzem auch Salzburg haben einen anderen Weg gefunden und ermöglichen die Einhebung einer besonderen Ortstaxe für Freizeitwohnsitze. In Oberösterreich sind die Abgaben für Freizeitwohnungen im Oö Tourismusgesetz 2018 geregelt.

150 LGBl. für Vlbg Nr. 27/1993.
151 § 16a Abs. 1 Vlbg RplG 1996.
152 § 16a Abs. 2 Vlbg RplG 1996.
153 Verordnung der Landesregierung über die Einschränkung des Geltungsbereiches der Bestimmung über Ferienwohnungen nach § 16 Abs. 3 erster Satz und 4 des Raumplanungsgesetzes. StF LGBl. für Vlbg Nr. 47/93 idF 59/02.
154 § 16 Abs. 1 Z 4 Finanzausgleichsgesetz 2016 idF BGBl. I Nr. 140/21.

Tab. 10: Höchstsätze der Abgabe in Kärnten (21. 12. 2013)

	Maximalsatz pro Monat
Wohnungen mit einer Nutzfläche bis 30 m²	€ 11,80
Wohnungen mit einer Nutzfläche von mehr als 30 m² bis 60 m²	€ 23,60
Wohnungen mit einer Nutzfläche von mehr als 60 m² bis 90 m²	€ 41,30
Wohnungen mit einer Nutzfläche von mehr als 90 m²	€ 64,80

In **Kärnten** existiert seit 2005 das Kärntner Zweitwohnsitzabgabegesetz (K-ZWAG),[155] das die Gemeinden ermächtigt, durch Verordnung des Gemeinderates eine Abgabe von Zweitwohnsitzen entsprechend des K-ZWAG festzusetzen. Als Zweitwohnsitz gilt hier aber jeder Wohnsitz, der nicht als Hauptwohnsitz verwendet wird, wobei diverse Ausnahmen angeführt sind (Unterbringung von Dienstnehmer:innen, für Zwecke des Schulbesuchs, der Berufsausbildung oder der Berufsausübung, Wohnungen in Kleingärten etc.).[156] Die Höhe der Abgabe ist durch Verordnung des Gemeinderates festzulegen, wobei hier die Belastung der Gemeinde durch Zweitwohnsitze und der Verkehrswert der Zweitwohnsitze als Maßstab heranzuziehen ist. Es kann auch eine räumlich differenzierte Staffelung vorgenommen werden. Die Höhe der Abgabe pro Monat ist mit Höchstsätzen (siehe Tabelle 10) geregelt.[157]

Die Landesregierung hat die Möglichkeit, durch Verordnung die Abgabenhöchstbeträge zu valorisieren, was aber bisher nicht der Fall war. In Gemeinden mit hohem Zweitwohnsitzanteil ist die Abgabe natürlich budgetrelevant und viele Kärntner Gemeinden verfügen mittlerweile über eine entsprechende Verordnung. Die Stadt Villach nutzt etwa die Möglichkeit eine räumliche Differenzierung in der 2021 erlassenen Zweitwohnsitzabgabenverordnung (siehe Abbildung 9).[158] Die Abgrenzung der drei unterschiedlichen Abgabenzonen ist somit kartografisch eindeutig vorge-

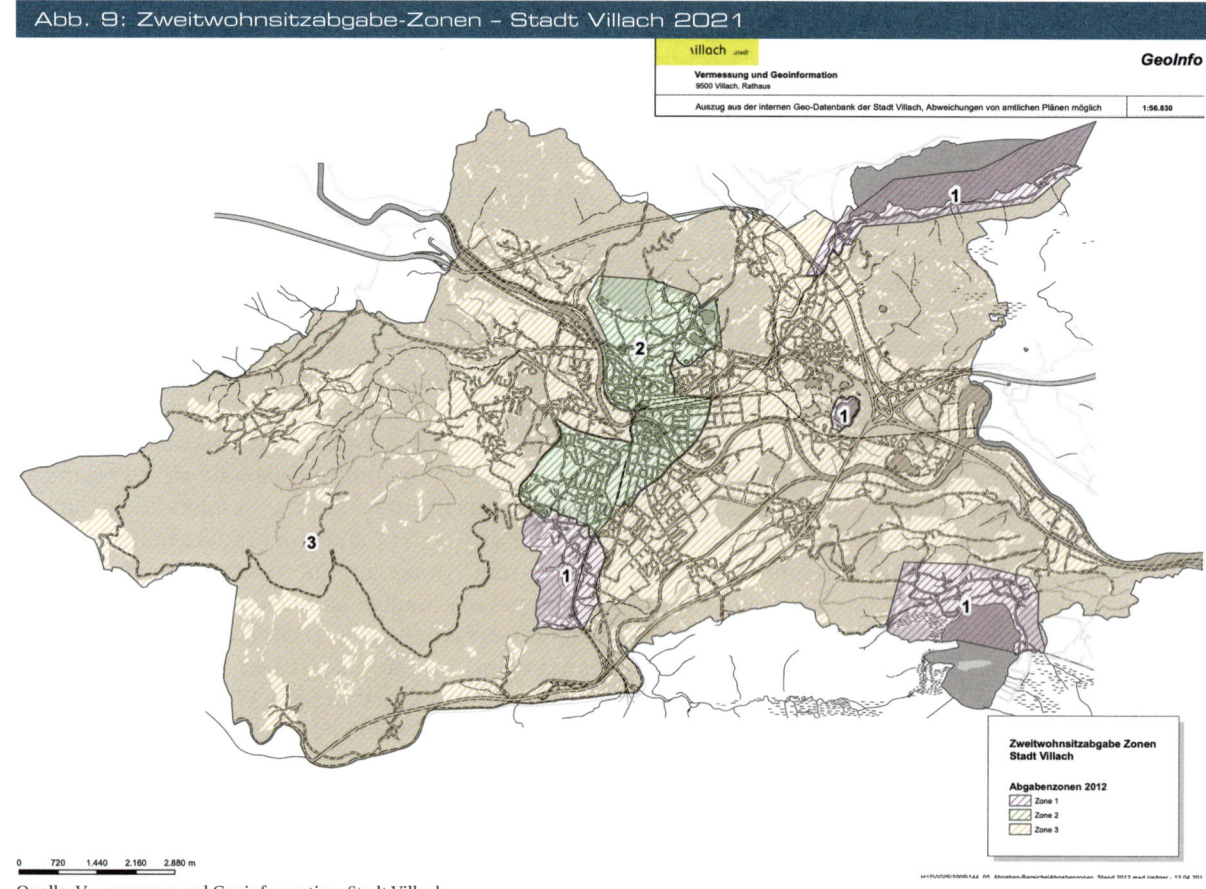

Abb. 9: Zweitwohnsitzabgabe-Zonen – Stadt Villach 2021

Quelle: Vermessung und Geoinformation, Stadt Villach.

155 StF LGBl. für Ktn Nr. 84/05 idF 85/13
156 § 2 Abs. 1 und § 3 K-ZWAG 2005.
157 § 7 K-ZWAG 2005.
158 Verordnung des Gemeinderates der Stadt Villach vom 3. Dezember 2021, Zahl: 3/A – ZWA/1/2021.

nommen, der Verordnungstext enthält aber keinen Hinweis auf die Argumentation hinter der Gliederung. Diese muss im Sinn der erforderlichen Begründung der Festsetzung der Differenzierung aber zumindest im Vorfeld der Verordnungserlassung durch die Stadt Villach erhoben worden sein.

Die Gemeinde Glödnitz legt in ihrer Zweitwohnsitzabgabeverordnung lediglich durch Benennung von Ortsteilen unterschiedliche Abgaben fest,[159] wobei keine Gründe für die Unterscheidung genannt werden. Die Marktgemeinde Ebenthal zum Beispiel hat einfach die zulässige Höchstbemessung in ihre Verordnung übernommen, die für alle Freizeitwohnsitze im Gemeindegebiet gilt.[160] Der Regelungspraxis der Kärntner Gemeinden könnte wohl noch deutlich mehr Augenmerk geschenkt werden, da sich vor allem die Frage stellt, ob und wie die gesetzlichen Vorgaben, die Belastung der Gemeinde durch Freizeitwohnsitze und den Verkehrswert der Freizeitwohnsitze als Maßstab heranzuziehen, angewandt werden.

In **Salzburg** wurden die Regelungen zur Einhebung von Abgaben bei Freizeitwohnsitznutzungen 2022 neu festgelegt. Konkret wurde das Slbg Zweitwohnsitz- und Wohnungsleerstandsabgabegesetz (ZWAG) und im selben Zug das Slbg Nächtigungsabgabengesetz (SNAG) erlassen.[161] Das ZWAG tritt zwar mit 1. Januar 2023 in Kraft, war aber bei Redaktionsschluss noch nicht offiziell verlautbart. Im 2. Abschnitt wird die „Kommunalabgabe Zweitwohnsitz" geregelt. Die Abgabenschuldner:innen haben in Zukunft eine entsprechende Abgabenerklärung an die Abgabenbehörde einzureichen. Form, Inhalt und Art der Übermittlung der Abgabenerklärung müssen aber noch mittels Durchführungsverordnung bestimmt werden.

In der **Steiermark** erfolgten erst jüngst Novellen zu Abgaben im Zusammenhang mit Zweitwohnsitzen und Leerständen. Bisher konnten Abgaben auf Basis des steiermärkischen Nächtigungs- und Ferienwohnungsabgabegesetzes (StNFWAG)[162] eingehoben werden. Umfasst von der bisherigen Abgabe waren Ferienwohnungen nach Maßgabe des StNFWAG. Für abgeschlossene Wohneinheiten sind Jahressätze definiert, die durch den Gemeinderat per Verordnung auf angegebene Maximalsätze erhöht werden können.[163] Die Ferienwohnungsabgabe ist mittels Bescheid vorzuschreiben und durch die Gemeinde zu besorgen.[164] Am 26. April 2022 hat der Steiermärkische Landtag neben der Änderung des StNFWAG und des Steiermärkischen Tourismusgesetzes 1992 das Gesetz über die Erhebung von Abgaben auf Zweitwohnsitze und Wohnungen ohne Wohnsitz – kurz Steiermärkische Zweitwohnsitz- und Wohnungsleerstandsabgabegesetz (StZWAG) – beschlossen. Mit diesem Gesetz entfällt in Zukunft die Ferienwohnungsabgabe und wird durch die Zweitwohnsitzabgabe auf Basis der neuen gesetzlichen Grundlage ersetzt. Für Zweitwohnsitze – jeder Wohnsitz, der nicht als Hauptwohnsitz verwendet wird – besteht, sofern Ausnahmen von der Abgabenpflicht nicht zutreffen, die Verpflichtung eine jährliche Abgabe basierend auf der Nutzfläche an die Gemeinde abzuführen. Anders als in den restlichen Bundesländern wird keine Tabelle mit einer Abstufung der Mindest-/Höchstsätze angegeben, sondern lediglich ein Referenzhöchstbetrag von 1.000 Euro pro Kalenderjahr für eine Wohnung mit 100 m² Nutzfläche. Die konkrete Zweitwohnsitzabgabe ist per Verordnung durch den Gemeinderat festzulegen.

Erst jüngst hat **Tirol** das Tiroler Freizeitwohnsitzabgabegesetz (TFWAG)[165] erlassen und damit eine gesetzliche Grundlage für die Einhebung von Abgaben

Tab. 11: Höhe der Freizeitwohnsitzabgabe in Tirol (§ 4 Abs. 3 TFWAG)

Abgabenkategorie	Jahresbetrag
Nutzfläche bis 30 m²	mindestens € 100,- und höchstens € 240,-
Nutzfläche von mehr als 30 m² bis 60 m²	mindestens € 200,- und höchstens € 480,-
Nutzfläche von mehr als 60 m² bis 90 m²	mindestens € 290,- und höchstens € 700,-
Nutzfläche von mehr als 90 m² bis 150 m²	mindestens € 420,- und höchstens € 1.000,-
Nutzfläche von mehr als 150 m² bis 200 m²	mindestens € 590,- und höchstens € 1.400,-
Nutzfläche von mehr als 200 m² bis 250 m²	mindestens € 760,- und höchstens € 1.800,-
Nutzfläche von mehr als 250 m²	mindestens € 920,- und höchstens € 2.200,-

159 § 7 Verordnung des Gemeinderates der Gemeinde Glödnitz vom 26. 01. 2006, Zahl: 929-0/2006.
160 § 2 Abs. 2 Verordnung des Gemeinderates der Marktgemeinde Ebenthal in Kärnten vom 15. Dezember 2021, Zahl: 920-10/4/2021-Ze/Ja.
161 Beschluss durch den Landtag am 6. Juli 2022.
162 StF LGBl. für die Stmk Nr. 39/98 idF 55/18.
163 § 9b StNFWAG 1998.
164 § 9d StNFWAG 1998.
165 StF LGBl. für Tirol Nr. 79/19 idF 115/21.

auf Freizeitwohnsitze geschaffen. Diese ist grundsätzlich für die Verwendung von Freizeitwohnsitzen fällig und wird als ausschließliche Gemeindeabgabe eingehoben. Die Höhe der Abgabe ist durch die Gemeinde per Verordnung festzusetzen und hat sich innerhalb der gesetzlich normierten Bandbreite zu bewegen.

Die Tiroler Regelung ist jener in Kärnten ähnlich und auch die Tiroler Gemeinden haben die Abgabenhöhe unter Bezug auf den Verkehrswert der Liegenschaften in der Gemeinde und die finanzielle Belastung der Gemeinde durch Freizeitwohnsitze festzulegen. Die Abgabe kann für bestimmte Teile des Gemeindegebietes ebenfalls in unterschiedlicher Höhe festgesetzt werden. Die Höchstsätze sind in Tirol aber deutlich höher angesetzt als in Kärnten.

Vorarlberg verfügt ebenfalls über ein eigenes Gesetz über die Erhebung von Abgaben von Zweitwohnsitzen.[166] Die Gemeinden sind grundsätzlich ermächtigt, eine Abgabe per Verordnung als ausschließliche Kommunalabgabe zu beschließen. Erfasst von der Abgabe sind Ferienwohnungen entsprechend der gesetzlichen Definition, die wiederum auf § 16 Vlbg RplG Bezug nimmt. Die Abgabe ist auf Basis von Abgabensätzen, die mit der Geschoßfläche zu multiplizieren ist, berechnet. Dabei sind jedoch auch absolute Maximalabgaben und diverse Abschläge (Fehlen einer Zentralheizung, einer Stromversorgung, einer Wasserentnahmestelle im Gebäude) zu berücksichtigen.

Im **Burgenland** wird für Ferienwohnungen ein Tourismusbeitrag fällig, der zur Finanzierung der Tourismusaufgaben dient. Das Burgenländische Tourismusgesetz 2021[167] definiert Ferienwohnungen in Anlehnung und mit Verweis auf das Bgld RplG 2019 und regelt den Tourismusbeitrag für Ferienwohnungen und Mobilien.[168] Dieser wird fällig für Ferienwohnungen, Mobilheime auf einem Mobilheimplatz sowie Schwimmkörper und Wasserfahrzeuge, welche zumindest über eine für Nächtigungen geeignete Kabine verfügen, wobei es auch diverse Ausnahmen gibt. Für abgeschlossene Wohneinheiten sind drei Abgabekategorien, basierend auf der bebauten Grundfläche, definiert (Tabelle 13).

Die Tourismusabgabe ist durch die Gemeinden einzuheben. 50 % des Ertrags sind an die Burgenland Tourismus GmbH zu überweisen, 40 % sind durch die Gemeinde für die Pflege und Betreuung der spezifisch für Ferienwohnungen, Mobilheime, Schwimmkörper und Wasserfahrzeuge geschaffenen touristischen Infrastruktur zu verwenden und 10 % verbleiben bei der Gemeinde zu Kostendeckung der Einhebung. Anders als in den Bundesländern mit eigenen Abgabengesetzen für Freizeitwohnsitze dient im Burgenland der Tourismusbeitrag vor allem auch der Tourismusfinanzierung und nicht der Deckung von Kosten für die kommunale technische und soziale Infrastruktur.

Tab. 12: Höchstmaß der Zweitwohnungsabgabe in Vorarlberg

Abgabenkategorie (gem. § 9 Abs. 2 Tourismusgesetz)	Abgabensätze (Stand 2017)
Gemeinden der Ortsklasse A	max. € 16,61/m² und max. € 1.825,91
Gemeinden der Ortsklasse B	max. € 12,66/m² und max. € 1.392,56
Gemeinden der Ortsklasse C	max. € 7,41/m² und max. € 815,57

Tab. 13: Höhe des Tourismusbeitrags im Burgenland bei abgeschlossenen Wohneinheiten

Abgabenkategorie (gem. § 9 Abs. 2 Tourismusgesetz)	Abgabe/Jahr
bei einer bebauten Fläche von bis zu 30 m²	€ 50,-
bei einer bebauten Fläche von mehr als 30 m² bis 100 m²	€ 125,-
bei einer bebauten Fläche von mehr als 100 m²	€ 250,-

166 StF LGBl. für Vlbg Nr. 87/97 idF 39/19.
167 StF LGBl. für das Bgld Nr. 6/21 idF 62/22.
168 § 22 Bgld Tourismusgesetz 2021.

Tab. 14: Besondere Ortstaxe in Salzburg

Abgabenkategorie	Multiplikator mit Ortstaxe (€ 1,5 - € 2,-)
dauernd abgestellte Wohnwagen	130-fache der Ortstaxe
Ferienwohnungen bis einschließlich 40 m² Nutzfläche	200-fache der Ortstaxe
Ferienwohnungen mit mehr als 40 m² bis einschließlich 70 m² Nutzfläche	260-fache der Ortstaxe
Ferienwohnungen mit mehr als 70 m² bis einschließlich 100 m² Nutzfläche	300-fache der Ortstaxe
Ferienwohnungen mit mehr als 100 m² bis einschließlich 130 m² Nutzfläche	360-fache der Ortstaxe
Ferienwohnungen mit mehr als 130 m² Nutzfläche	380-fache der Ortstaxe

Oberösterreich erlebte in den letzten Jahren einige gesetzliche Neuerungen bei den Abgaben für Freizeitwohnsitze, und jüngst wurde die aktuelle Abgabenpraxis durch eine Entscheidung des VfGH gekippt.[169] Basis für Abgaben auf Freizeitwohnsitze in Oberösterreich ist das Oö Tourismusgesetz 2018. Eine Abgabe für sogenannte Freizeitwohnungen[170] war bis zum 1. Januar 2019 nur in Tourismusgemeinden möglich. Mit der Novelle vom 9. November 2017 hat die Landesregierung die Abgabenpflicht grundlegend neu geregelt. Nunmehr sind alle Gemeinden umfasst, und als Freizeitwohnungen gelten nicht nur tatsächliche Freizeitwohnsitze, sondern z. B. auch leerstehende Wohnungen. Die Freizeitwohnungspauschale ist einmal jährlich zu entrichten und wird auf Basis der Ortstaxe berechnet, wobei Wohnungen, im Sinn einer einfachen Differenzierung, unter und über 50 m² einen anderen Faktor für die Berechnung aufweisen. Damit ergeben sich für Gemeinden je nach Ortstaxe unterschiedliche Pauschalsätze. Interessant ist, dass die Freizeitwohnungspauschale zum überwiegenden Teil an den jeweiligen Tourismusverband geht, obwohl die Gemeinden die Vorschreibung und Einhebung zu organisieren haben. Bei den Gemeinden verbleiben Erträge aus Nebenansprüchen zur Freizeitwohnungspauschale und ein Anteil in der Höhe von 5 % der eingegangen Freizeitwohnungspauschale.[171] Gleichzeitig sind die Gemeinden aber ermächtigt, einen Zuschlag per Verordnung in der Höhe von 150 % bzw. 200 % festzusetzen.

Der VfGH befand im Juni 2022, ausgehend von der Beschwerde einer Linzerin, dass die aktuelle Regelung der Freizeitwohnungspauschale im Grunde gleichheitswidrig ist, da ein fehlendes Maß an Differenzierung besteht. Zum Beispiel dürfen sanierungsbedürftige und aktuell nicht bewohnbare Wohnungen nicht mit der Freizeitwohnungspauschale belegt werden. Der Oö Gesetzgeber muss eine neue gesetzliche Regelung schaffen, wenn weiterhin eine Abgabenpflicht insb. für Freizeitwohnsitze bestehen soll.

In **Salzburg** wurden Freizeitwohnsitze abgabenrechtlich bisher über die besondere Ortstaxe erfasst, die für Ferienwohnungen, dauernd überlassene Ferienwohnungen und für dauernd abgestellte Wohnwagen fällig wurde. Rechtliche Grundlage dafür ist das Salzburger Ortstaxengesetz 2012.[172] Die besondere Ortstaxe war jährlich als Pauschalbetrag an die Gemeinde zu entrichten und verfügte über abgestufte Abgabensätze nach Nutzfläche von Ferienwohnungen.

Die Erträge aus der besonderen Ortstaxe für Ferienwohnungen flossen zu 50 % dem Land und zu 50 % den Gemeinden zu. Bei dauernd abgestellten Wohnwagen betrug das Verhältnis 7:3 zugunsten des Landes.

Insgesamt zeigt der Überblick zu **abgabenrechtlichen Regelungen** im Zusammenhang mit Freizeitwohnsitzen **zwei grundlegende Zugänge**:

→ Kärnten, Salzburg, die Steiermark, Tirol und Vorarlberg haben – teilweise erst jüngst – eigene gesetzliche Grundlagen erlassen mit einer Verordnungsermächtigung für die Gemeinden, um die konkrete Abgabenhöhe festzusetzen. Die Abgabe verbleibt vollumfänglich bei den jeweiligen Gemeinden.

→ Im Burgenland, in Oberösterreich sowie bis vor Kurzem in Salzburg werden für Freizeitwohnsitze ebenfalls Abgaben eingehoben, die aber in erster Linie an die Tourismusverbände gehen, während die Gemeinden zur Einhebung verpflichtet sind.

Die Kombination mit einer de facto Leerstandsabgabe hat in Oberösterreich – wie oben dargestellt – zu einem unmittelbaren Bedarf geführt, die gesetzlichen Regelungen auf Basis einer Entscheidung des VfGH zu überarbeiten. Diese höchstgerichtliche Entscheidung kann auch für das neue Landesgesetz zu Zweitwohnsitz- und Leerstandsabgaben in Salzburg und der Steiermark noch von Bedeutung werden.

---

169 Erkenntnis VfGH vom 23. Juni 2022, E 710/2021-11.
170 §54 OÖ TG 2018.
171 § 56 OÖ TG 2018.
172 StF LGBl. für Slbg Nr. 106/12 idF 7/20.

Grundsätzlich ist es zulässig, neben pauschalierten Fremdenverkehrsabgaben auch Abgaben für Freizeitwohnsitze einzuheben. Der VfGH geht aber davon aus, dass bei der Bemessung der Freizeitwohnsitzabgabe zu berücksichtigen ist, ob und in welcher Höhe eine solche Fremdenverkehrsabgabe eingehoben wird. Die Rechtfertigung von Freizeitwohnsitzabgaben liegt in der geringeren wirtschaftlichen Beteiligung an sozialen und technischen Infrastruktureinrichtungen bei gleichzeitiger Verursachung von Kosten für die Kommune begründet. Eine zusätzliche **Abgabe** ist daher zulässig, muss aber **angemessen und verhältnismäßig** sein.[173] Sie darf für die Eigentümer:innen **keine „Erdrosselungssteuer"** sein, wie der VfGH mehrfach festgestellt hat.[174]

Für Gemeinden bedeutet dieser Grundsatz, dass Freizeitwohnsitze keine „Cash Cows" sein können, um das kommunale Budget aufzubessern. Bei der Erstellung und Begründung der jeweiligen Verordnungen zu den Abgaben ist daher besondere Sorgfalt walten zu lassen.

---

173 siehe VfSlg. 9624/1983, VfSlg. 8452/1978, VfSlg. 18.792/2009.
174 VfSlg. 15973/2000.

4 GRUNDVERKEHRSRECHTLICHE GRUNDLAGEN

Wie die bisherige Darstellung der Steuerungsmöglichkeiten von Freizeitwohnsitzen im Planungsrecht schon gezeigt hat, finden sich in den Bundesländern auch im **Grundverkehr** Regelungen im Zusammenhang mit Freizeitwohnsitzen. Relevante Rechtsgrundlagen sind hier insb. die Grundverkehrsgesetze der Länder.

Grundverkehrsgesetze der Länder (Stand Oktober 2022)

Burgenland
→ Burgenländisches Grundverkehrsgesetz 2007 (Bgld GVG)
→ LGBl. für das Bgld Nr. 25/07 idF 83/20

Kärnten
→ Kärntner Grundverkehrsgesetz 2004 (Ktn GVG)
→ LGBl. für Ktn Nr. 9/04 idF 36/22

Niederösterreich
→ Niederösterreichisches Grundverkehrsgesetz 2007 (Nö GVG)
→ LGBl. für Nö Nr. 6800-0 idF 38/19

Oberösterreich
→ Oberösterreichisches Grundverkehrsgesetz 1994 (Oö GVG)
→ LGBl. für Oö Nr. 88/94 idF 62/21

Salzburg
→ Salzburger Grundverkehrsgesetz 2001 (Slbg GVG)
→ LGBl. für Slbg Nr. 9/02 idF 33/19

Steiermark
→ Steiermärkisches Grundverkehrsgesetz 1993 (Stmk GVG)
→ LGBl. für Stmk Nr. 134/93 idF 63/18

Tirol
→ Tiroler Grundverkehrsgesetz 1996 (Tir GVG)
→ LGBl. für Tirol Nr. 59/97 idF. 204/21

Vorarlberg
→ Vorarlberger Grundverkehrsgesetz 2004 (Vlbg GVG)
→ LGBl. für Vlbg Nr. 42/04 idF. 4/22

Das **Grundverkehrsrecht** kontrolliert den Bodenmarkt durch verwaltungsrechtliche Maßnahmen für bestimmte Grundstückstransaktionen.[175] Während die Raumplanung durch generelle Planungsakte den Verwendungszweck und die Nutzungsmöglichkeiten einer Liegenschaft regelt, werden durch den Grundverkehr individuelle Rechtsgeschäfte an Liegenschaften überprüft. Die Grundverkehrsgesetze der einzelnen Bundesländer entstammen eigenständigen und großteils unterschiedlichen legistischen Konzepten[176], was sowohl bezüglich formaler Aspekte als auch vom Regelungsinhalt her starke Unterschiede zwischen den Grundverkehrsgesetzen der Länder zur Folge hat. Seit der B-VG-Novelle BGBl. 276/1992 sind die **Länder berechtigt**, den **Verkehr mit bebauten oder zur Bebauung bestimmten Grundstücken** verwaltungsbehördlichen Beschränkungen zu unterwerfen.

Tab. 15: Wesentliche grundverkehrsrechtliche Bestimmungen für Freizeitwohnsitze

Bundesland	Fundstelle
Burgenland	§ 1 Abs. 1 Z 2, § 2 Abs. 6, § 7 Z 4, § 8, § 9 Abs. 2 Z 1, § 10 Abs. 1 Z 3 Bgld GVG
Kärnten	§ 5, § 15 Abs. 1 lit e Ktn GVG
Niederösterreich	-
Oberösterreich	§ 2 Abs. 6, §§ 6, 7, § 8 Abs. 2 Z 2, § 9 Abs. 2 Oö GVG
Salzburg	§ 12 Abs. 1 Z 2, § 13a Z 1 und 2, § 13b Abs. 1 Z 2 lit d und Z 3, § 13d ,Abs. 1, § 22 Abs. 1a, §§ 32a, 32b Slbg GVG
Steiermark	§ 9 Abs. 2, § 12, § 14, § 17 Abs. 2, § 18 Abs. 1, § 19, § 23 Abs. 1, § 28 Abs. 3, § 30 Abs. 5 und 6, § 38, § 54 Abs. 1 Z 2 Stmk GVG
Tirol	§ 1 Abs. 1 lit d, § 2 Abs. 8, § 14, § 14 a Abs. 2-6, § 23 Abs. 2 lit h, § 25b Abs. 2 lit a, § 36 Abs. 1 lit c Tir GVG
Vorarlberg	§ 2 Abs. 9, § 6 Abs. 3, § 9 Abs. 1 lit e Vlbg GVG
Wien	-

175 Lienbacher, 2020, 579.
176 Hummer/Schweitzer: 1990, 60.

4.1 Zielsetzungen im Grundverkehrsrecht

Die Grundverkehrsgesetze der Länder verfolgen – neben Zielen zum land- und forstwirtschaftlichen Grundverkehr sowie Ausländer:innengrundverkehr – mit unterschiedlicher Intensität das Ziel, die **intensive Bodenbeanspruchung durch Freizeitwohnsitze** einzuschränken. Die Einschränkung von Ferienwohnungen, wobei die GVG teilweise Legaldefinitionen für Freizeitwohnsitze enthalten, ist demzufolge in einigen GVG ein zentrales Anliegen, wobei über zig Jahre die Bedeutung grundverkehrsrechtlicher Regelungen bezüglich Freizeitwohnsitzen zurückging und im Zuge der aktuellen Novellen zu einer verbesserten Steuerung von Freizeitwohnsitzen wieder mehr Aufmerksamkeit bekommt.[177]

Ziel des **Bgld GVG** ist es gemäß § 1 Abs. 2, im Interesse des Bedarfs an Baugrundstücken für Wohn- und Betriebszwecke bei anderen Nutzungen, insb. Nutzungen zu Freizeitzwecken, Beschränkungen vorzusehen. Als Freizeitwohnsitz wird gemäß § 2 Abs. 6 Bgld GVG ein Wohnsitz definiert, der ausschließlich oder überwiegend dem vorübergehenden Wohnbedarf für Zwecke der Erholung oder Freizeitgestaltung dient. Im umfangreichen Zielkatalog gemäß § 1 GVG wird ausdrücklich die Sicherung der nicht vermehr-

baren Bodenreserven zur Begründung eines Hauptwohnsitzes, insb. für den Wohnbedarf der ortsansässigen Personen, als wesentliches öffentliches Interesse bestimmt.

Im Zusammenhang mit dem Verkehr von Baugrundstücken wird in § 13a Abs. 1 **Slbg GVG** ausdrücklich die Eindämmung von Zweitwohnnutzungen im Interesse der dauerhaft ansässigen Bevölkerung und einer leistungsfähigen Wirtschaft angeführt. Auch im **Stmk GVG** wird bezüglich des Verkehrs mit Baugrundstücken eine spezifische Zielsetzung festgelegt, um die im Sinne der Raumordnung widmungsgemäße Verwendung von Baugrundstücken betreffend Zweitwohnsitze zu gewährleisten. Das **Tiroler GVG** erklärt für die Vollziehung des Gesetzes die Verhinderung der Schaffung neuer, unzulässiger Freizeitwohnsitze als einen Grundsatz.

4.2 Grundverkehrsrechtliche Maßnahmen

Im **Ländervergleich** sind zur Umsetzung der Ziele des Grundverkehrsrechts, insb. im Zusammenhang mit der Beschränkung von Freizeitwohnsitzen, in den GVG unterschiedliche verwaltungsbehördliche Maßnahmen vorgesehen:

Tab. 16: Ferienwohnungsbezogene Ziele in den Grundverkehrsgesetzen

Gesetzliche Bestimmung	Bezeichnung	Bestimmung
Burgenland § 1 Abs. 1 Z 2 Bgld GVG	Ziele	Ziel dieses Gesetzes ist es, im Interesse des Bedarfs an Baugrundstücken für Wohn- und Betriebszwecke bei anderen Nutzungen, insb. Nutzungen zu Freizeitzwecken, Beschränkungen vorzusehen.
Kärnten § 1 lit a Ktn GVG	Ziele	Die Sicherung einer den Grundsätzen der Raumordnung entsprechenden Nutzung von Grund und Boden
Niederösterreich	-	-
Oberösterreich § 1 Abs. 1 Z 3 und 4 Oö GVG	Öffentliche Interessen	Sicherung der nicht vermehrbaren Bodenreserven für eine gesunde, leistungs- und wettbewerbsfähige Wirtschaft in einem funktionsfähigen Raum Sicherung der nicht vermehrbaren Bodenreserven zur Begründung eines Hauptwohnsitzes, insb. für den Wohnbedarf der ortsansässigen Personen
Salzburg § 13a Abs. 2 Slbg GVG	Zielsetzung	Sicherstellung eines geordneten, der Raumordnung hinsichtlich der Nutzung von Grund und Boden entsprechenden rechtsgeschäftlichen Verkehrs mit Baugrundstücken, insb. die Eindämmung von Zweitwohnnutzungen im Interesse der dauerhaft ansässigen Bevölkerung und einer leistungsfähigen Wirtschaft.
Steiermark § 12 Stmk GVG	Zielsetzung	Ziel … ist es, die im Sinne der Raumordnung widmungsgemäße Verwendung von Baugrundstücken betreffend Zweitwohnsitze zu gewährleisten.
Tirol[178]	Grundsatz	Bei der Vollziehung dieses Gesetzes sind folgende Grundsätze zu beachten … die Verhinderung der Schaffung neuer, unzulässiger Freizeitwohnsitze.
Vorarlberg	-	-
Wien	-	-

177 Siehe dazu z. B. die umfassende Novellierung des Tiroler GVG Ende 2021 durch LGBL. für Tirol Nr. 204/21.
178 Mit der am 01. 10. 2016 in Kraft getretenen Novelle entfielen in Tirol alle grundverkehrsrechtlichen Regelungen für Freizeitwohnsitze. Mit der Novelle LGBl. für Tirol Nr. 204/21 wurden wieder umfangreiche Bestimmungen zu Freizeitwohnsitzen aufgenommen.

→ Genehmigungsverfahren,
→ Anzeigepflichten,
→ Erklärungspflichten.

Eine **Genehmigung** ist vielfach Voraussetzung für ein **gültiges zivilrechtliches Rechtsgeschäft** und eine entsprechende Eintragung ins Grundbuch. Bei rechtswidrigen Anzeige- bzw. Erklärungsverfahren hat dies die Nichtigkeit und eine Lösung der entsprechenden Grundbuchseintragung zur Folge. Die GVG sehen bei Verwaltungsmaßnahmen bezüglich Freizeitwohnsitze erhebliche (räumliche) Einschränkungen sowie Ausnahmen vor, sodass vielfach nur einzelne Rechtsgeschäfte mit Ferienwohnungen grundverkehrsrechtlich geprüft werden.

In einigen Bundesländern gelten grundverkehrsrechtliche Einschränkungen für Freizeitwohnsitze **nur in abgegrenzten Bereichen**, insb. in **Vorbehaltsgemeinden oder Vorbehaltsgebieten**. Im **Burgenland** bedürfen gemäß § 9 Abs. 1 Bgld GVG in Vorbehaltsgemeinden, die von der Landesregierung festgelegt werden können, Rechtserwerbe an Baugrundstücken oder Teilen davon (zum Beispiel Wohnungen) einer schriftlichen Erklärung, die von der/dem Rechtserwerber:in abzugeben ist. Die Erklärung hat u. a. zu beinhalten, dass die/der Rechtserwerber:in das Baugrundstück nicht als Freizeitwohnsitz nutzt oder nutzen lässt. Solange die erforderliche Erklärung nicht vorliegt, darf gemäß § 16 Abs. 1 Bgld GVG das zugrundeliegende Rechtsgeschäft nicht durchgeführt werden; insb. ist eine grundbücherliche Eintragung des Rechts nicht zulässig. Die praktische Bedeutung dieser Regelung ist im Burgenland aber de facto nicht gegeben, da derzeit nur zwei Gemeinden als Vorbehaltsgemeinden ausgewiesen sind.

Vergleichbar zum Burgenland sind in **Oberösterreich** gemäß § 7 Abs. 1 Oö GVG Rechtserwerbe zu Freizeitwohnsitzzwecken an Baugrundstücken innerhalb eines **Vorbehaltsgebiets**, das von der Oö Landesregierung gemäß § 6 Abs. 1 Oö GVG zu verordnen ist, – mit Ausnahmen – unzulässig. Ausgenommen von der Unzulässigkeit sind Rechtserwerbe.
1. an Grundstücken mit der Widmung Zweitwohnungsgebiet,
2. durch nahe Angehörige, wobei bei einer Übertragung des Eigentums der/die Rechtsvorgäng:in zumindest die letzten zehn Jahre Eigentümer:in des Grundstücks oder Grundstücksteiles gewesen sein muss, oder

3. deren Gegenstand während der letzten fünf Jahre ausschließlich zu Freizeitwohnsitzzwecken genutzt wurde.

Rechtserwerbe sind gemäß § 7 Abs. 3 Oö GVG **zu genehmigen**, wenn im unmittelbaren örtlichen Bereich des Erwerbsgegenstands folgende Voraussetzungen nicht zutreffen:
1. die Anzahl der Freizeitwohnsitze einer soziokulturellen, strukturpolitischen, wirtschaftspolitischen oder gesellschaftspolitischen Entwicklung dieses Gebiets (Ortsentwicklung) entgegensteht, oder
2. eine überdurchschnittliche Erhöhung der Preise für Baugrundstücke[179] durch die Nachfrage an Freizeitwohnsitzen eingetreten ist bzw. eine solche unmittelbar droht.

In **Salzburg** bedürfen gemäß § 13c Abs. 1 Slbg GVG unter Lebenden abgeschlossene Rechtsgeschäfte, die Baugrundstücke betreffen, einer Anzeige vom/von der Rechtserwerber:in beim/bei der Bürgermeister:in, wenn sie die Einräumung, Begründung oder Übertragung eines der bestimmten Rechte an Baugrundstücken oder an Gebäuden zum Gegenstand haben. Anlässlich der Anzeige des Rechtsgeschäfts hat der/die Rechtserwerber:in gemäß § 13d Abs. 1 Slbg GVG persönlich zu erklären, dass er/sie den Gegenstand des Rechtsgeschäfts weder selbst noch durch Dritte entgegen den jeweils geltenden raumordnungsrechtlichen Bestimmungen als Zweitwohnung nutzen bzw. nutzen lassen wird.[180] Solange eine erforderliche Bescheinigung gemäß § 13d Abs. 4 Slbg GVG nicht ausgestellt ist, darf gemäß § 16 Abs. 1 Slbg GVG das zugrundeliegende Rechtsgeschäft nicht durchgeführt werden; insb. ist die grundbücherliche Eintragung des erworbenen Rechts nicht zulässig. Im Zusammenhang mit der ROG-Novelle 2017 wurde auch das Slbg GVG novelliert und Regelungen zu Zweitwohnungen ergänzt.[181] Der rechtsgeschäftliche Erwerb von Recht an Baugrundstücken in Zweitwohnungs-Beschränkungsgemeinden gemäß den Bestimmungen des Slbg ROG unterliegt grundsätzlich den Bestimmungen des Abschnitts 2a des Slbg GVG zum Verkehr mit Baugrundstücken.[182] Damit ist in Beschränkungsgemeinden eine Erklärung erforderlich, dass kein Zweitwohnsitz begründet wird, wobei als Zweitwohnungsgebiete gewidmete Grundstücke ausgenommen sind.

Gemäß § 14 Abs. 1 Stmk GVG gelten in **Vorbehaltsgemeinden**, in denen Beschränkungszonen für Zweit-

---

179 Eine überdurchschnittliche Erhöhung der Bodenpreise ist gemäß § 7 Abs. 2 Oö GVG 1994 durch einen Vergleich der Entwicklung der Baugrundstückspreise im vorgesehenen Genehmigungsgebiet mit der Preisentwicklung im Landesdurchschnitt während eines repräsentativen Zeitraums festzustellen.
180 Eine solche Erklärung ist nicht erforderlich, soweit der Gegenstand des Rechtsgeschäftes bereits vor dem 1. März 1993 als Zweitwohnung benutzt worden ist.
181 LGBl. für Slbg Nr. 102/18.
182 § 13a Abs. 1 Slbg GVG 2001.

Tab. 17: Ferienwohnungsbezogene Erklärungs-, Genehmigungs- und Anzeigepflichten in den Grundverkehrsgesetzen

Gesetzliche Bestimmung	Maßnahme	Bestimmung
Burgenland § 9 Abs. 1 Bgld GVG	Erklärungspflichtige Rechtserwerbe in Vorbehaltsgemeinden	Rechtserwerbe an Baugrundstücken oder Teilen davon (zum Beispiel Wohnungen) in Vorbehaltsgemeinden bedürfen einer schriftlichen Erklärung, die von dem/der Rechtserwerber:in abzugeben ist.
Kärnten § 15 Abs. 1 lit e Ktn GVG	Genehmigungspflichtige Rechtsgeschäft durch Ausländer:innen	Die Bezirksverwaltungsbehörde hat das Rechtsgeschäft zu genehmigen, wenn das Grundstück dem/der Ausländer:in oder seinen/ihren Angehörigen als Freizeitwohnsitz dienen soll … und es sich um ein Grundstück handelt, für das im Flächenwidmungsplan eine Sonderwidmung als Apartmenthaus oder als sonstiger Freizeitwohnsitz besteht …
Oberösterreich § 7 Abs. 1 Oö GVG	Verbot von Freizeitwohnsitzen im Vorbehaltsgebiet	Rechtserwerbe zu Freizeitwohnsitzzwecken an Baugrundstücken innerhalb eines Vorbehaltsgebiets sind – mit Ausnahmen – unzulässig
Salzburg § 13d Abs. 1 Slbg GVG	Nutzungserklärung in Zweitwohnungs-Beschränkungsgemeinden	Anlässlich der Anzeige des Rechtsgeschäfts hat der/die Rechtserwerber:in persönlich zu erklären, dass er/sie den Gegenstand des Rechtsgeschäfts weder selbst noch durch Dritte entgegen den jeweils geltenden raumordnungsrechtlichen Bestimmungen als Zweitwohnung nutzen bzw. nutzen lassen wird.
Steiermark § 16 ff Stmk GVG	Erklärungspflichtige Rechtsgeschäfte in Beschränkungszonen	Inhalt der Erklärung muss sein, dass der/die Erwerber:in das Baugrundstück in der Beschränkungszone für Zweitwohnsitze nicht zur Begründung eines Zweitwohnsitzes nutzt oder nutzen lässt.
Tirol § 14 Abs. 1 Tiroler GVG	Erklärungspflichtige Rechtsgeschäfte in Vorbehaltsgemeinden	Rechtserwerbe in Vorbehaltsgemeinden … bedürfen zusätzlich einer Erklärung des/der Erwerber:in, dass durch den beabsichtigten Rechtserwerb kein neuer Freizeitwohnsitz geschaffen wird.
Wien	-	-

wohnsitze gemäß § 30 Abs. 2 des Stmk ROG festgelegt sind, Erklärungspflichten für näher bestimmte Rechtsgeschäfte, wobei Inhalt der Erklärung nach § 17 Abs. 2 Stmk GVG sein muss, dass der/die Erwerber:in das Baugrundstück in der Beschränkungszone für Zweitwohnsitze nicht zur Begründung eines Zweitwohnsitzes nutzt oder nutzen lässt.

In **Tirol** wurden erst jüngst umfassende Bestimmungen zu Freizeitwohnsitzen ins Tiroler GVG aufgenommen. Die Landesregierung kann mittels Verordnung Gemeinden, in denen der Druck auf den Wohnungsmarkt besonders groß ist, als Vorbehaltsgemeinden ausweisen.[183] Die entsprechende Verordnung wurde im Juli 2022 verabschiedet und erklärt 142 der 277 Tiroler Gemeinden zu Vorbehaltsgemeinden.[184] Der Rechtserwerb in solchen Gemeinden ist dahingehend erklärungspflichtig, dass kein neuer Freizeitwohnsitz geschaffen wird, außer dieser ist aufgrund raumordnungsrechtlicher Bestimmungen dezidiert zulässig.[185]

Teilweise gelten für **Ausländer:innen** (auch) im Zusammenhang mit Ferienwohnungen besondere Einschränkungen. Nach § 15 Abs. 1 lit e Ktn GVG hat die Bezirksverwaltungsbehörde das Rechtsgeschäft zu genehmigen, wenn das Grundstück dem/der Ausländer:in oder seinen/ihren Angehörigen als Freizeitwohnsitz dienen soll und der/die Erwerber:in mindestens seit fünf Jahren vor dem Rechtserwerb ununterbrochen seinen Hauptwohnsitz in Österreich gehabt hat, und es sich um ein Grundstück handelt, für das im Flächenwidmungsplan eine Sonderwidmung als Apartmenthaus oder als sonstiger Freizeitwohnsitz besteht und auch eine aufrechte Baubewilligung für das Apartmenthaus oder für das Gebäude des sonstigen Freizeitwohnsitzes vorliegt.

Der Grundverkehr stellt grundsätzlich eine zentrale komplementäre Rechtsmaterie zur Raumordnung für die Steuerung von Freizeitwohnsitzen dar. Vor allem durch die Nichteinhaltung der Erklärungs- oder Genehmigungspflicht in Vorbehaltsgemeinden/-gebieten riskiert ein/e Eigentümer:in durch nonkonforme Nutzung von Liegenschaften die Nichtigkeit des Rechtsgeschäftes oder eine Rückabwicklung sowie beträchtliche Strafen.

---

183 § 14 Abs. 1 Tiroler GVG 1996.
184 Anmerkung: Die Festlegung der Vorbehaltsgemeinden waren zu Redaktionsschluss noch nicht verlautbart.
185 § 14 Abs. 2 und 3 Tiroler GVG 1996.

5 KONTROLLE UND SANKTIONIERUNG VON FREIZEITWOHNSITZEN

Die vorangegangene Darstellung schlüsselt die umfassenden Regelungen zur grundsätzlichen Zulässigkeit und Genehmigung von Freizeitwohnsitzen im Raumordnungs- und Grundverkehrsrecht auf. Ein wesentlicher Bestandteil derartiger verwaltungsrechtlicher Bestimmungen sind Strafbestimmungen für den Fall, dass eine Nutzung als Freizeitwohnsitz ohne rechtliche Grundlage vorliegt. Um überhaupt ein baurechtliches Verfahren sowie ein Verwaltungsstrafverfahren wegen rechtswidriger Nutzung von Wohnungen führen zu können, braucht es auch Bestimmungen zur Kontrolle der tatsächlichen Nutzung von Wohnungen.

5.1 Kontrolle von Freizeitwohnsitzen

Die Kontrolle und der Nachweis über die rechtmäßige oder unrechtmäßige Nutzung von Wohnungen als Freizeitwohnsitz haben sich in den letzten Jahren als schwierige und ressourcenintensive Aufgabe für die öffentlichen Behörden herausgestellt. Je nach Bundesland und Regelungsregime sind solche Kontrollen auf Basis des Raumordnungs- und Baurechts oder des Grundverkehrsrechts durchzuführen.

Die Kontrolle des Verwendungszwecks von Gebäuden ist in der Regel eine **Aufgabe der örtlichen Baupolizei**, die gemäß Art 118 B-VG in den eigenen Wirkungsbereich der Gemeinde fällt.

Im **Grundverkehrsrecht** stehen Kontrollen der Nutzung von Wohnungen in erster Linie im Zusammenhang mit Nutzungserklärungen, die bei Kauf einer Liegenschaft oder Immobilie zu erfolgen haben (siehe Kapitel 4).

Eine **Erklärungspflicht** sieht das **Bgld GVG** etwa in per Verordnung ausgewiesenen Vorbehaltsgemeinden vor, wobei die Erklärung zu enthalten hat, dass kein Freizeitwohnsitz errichtet wird. Zuständig für die Abwicklung der Erklärung und die Kontrolle der Einhaltung ist im Burgenland die Grundverkehrsbehörde, wobei im Bgld GVG keine Details zur Art und Weise der Kontrolle und Beweisführung enthalten

sind. Eine Erklärungspflicht besteht auch in Salzburg in festgelegten Zweitwohnungs-Beschränkungsgemeinden. Als Voraussetzung für Rechtsgeschäfte sind entsprechende Nutzungserklärungen, dass kein Freizeitwohnsitz begründet wird, abzugeben.[186] Die Überwachung ist in die Zuständigkeit des/der Bürgermeister:in übertragen, wobei das Land bei Fragen bezüglich der Überwachung zu beraten und zu unterstützen hat.[187] Das **Slbg GVG** regelt auch die konkrete Ermächtigung zur Kontrolle:

→ Mit der Überwachung betrauten Organen sind die Zufahrt und der Zutritt zu den jeweiligen Objekten zu gewähren und die erforderlichen Auskünfte zu erteilen.[188]

→ Bei berechtigter Annahme eines Verstoßes haben die Versorgungs- oder Entsorgungsunternehmen, die Erbringer:innen von Postdiensten oder von elektronischen Zustelldiensten auf Anfrage des Bürgermeisters/der Bürgermeisterin, der Bezirksverwaltungsbehörde oder der Landesregierung die zur Beurteilung der Nutzung erforderlichen Auskünfte zu erteilen oder die erforderlichen Daten zu übermitteln.[189]

→ Die beteiligten Behörden sind berechtigt, personenbezogene Daten automatisationsunterstützt zu verarbeiten. Davon sind insbesondere personenbezogenen Daten umfasst.[190]

Das **Stmk GVG** sieht ebenfalls eine Erklärungspflicht bei Rechtsgeschäften mit Baugrundstücken in Vorbehaltsgemeinden, in denen Beschränkungszonen für Zweitwohnsitze gelten, vor.[191] Auch hier droht bei rechtswidrigen Angaben die Unwirksamkeit der Grundbucheintragung bzw. die Rückabwicklung des Rechtsgeschäftes.[192] Die Zuständigkeit liegt grundsätzlich bei der Grundverkehrsbehörde – in der Stmk die Bezirksverwaltungsbehörde. Die Verpflichtung zur Übereinstimmung der Nutzung eines Baugrundstückes mit einer Erklärung liegt aber bei der jeweiligen Vorbehaltsgemeinde. Verfügungsberechtigte sind demnach verpflichtet, den Gemeindeorganen entsprechende Auskünfte zu erteilen.[193] In **Tirol** wurde das Grundverkehrsrecht erst kürzlich novelliert und eine Erklärungspflicht für Rechtsgeschäfte

---

186 § 13d Slbg GVG 2001.
187 § 32a Abs. 1 und Abs. 2 Slbg GVG 2001.
188 § 32a Abs. 3 Slbg GVG 2001.
189 § 32a Abs. 4 Slbg GVG 2001.
190 § 32 Abs. 5 Slbg GVG 2001.
191 § 14 Stmk GVG 1993.
192 §§ 31 und 31 Stmk GVG 1993.
193 § 55 Abs. 1-4 Stmk GVG 1993.

zur Verhinderung der Schaffung von neuen Freizeit-wohnsitzen in Vorbehaltsgemeinden eingeführt.[194] Zur Überwachung der Einhaltung der sich aus den Bestimmungen ergebenden Beschränkungen für Freizeitwohnsitze sind den damit betrauten Organ-waltern der Grundverkehrsbehörde die Zufahrt und zu angemessen der Tageszeit der Zutritt zu dem je-weiligen Objekt zu gewähren sowie die erforderlichen Auskünfte zu erteilen. Bei entsprechenden Ver-dachtsmomenten sind auch die Versorgungs- oder Entsorgungsunternehmen, die Erbringer:innen von Postdiensten oder von elektronischen Zustelldiens-ten zur Übermittlung erforderlicher Daten verpflich-tet.[195] Die Kontrollpflicht ist im Tiroler GVG nicht an die Gemeinde abgetreten, diese haben aber eine um-fassende Mitwirkungspflicht.[196]

Eine **Genehmigungspflicht** für Rechtsgeschäfte, mit denen ein Freizeitwohnsitz begründet werden soll, ist im **Ktn GVG** vorgesehen. Diese ist aber im 3. Abschnitt ausschließlich auf den Ausländer:innengrundverkehr beschränkt. Die Abwicklung und Kontrolle hat durch die Bezirksbehörde zu erfolgen. Eine allgemeine grundverkehrsrechtliche Genehmigungspflicht für Freizeitwohnsitze gibt es – mit einigen Ausnahmen – im **OÖ GVG**.[197] Diese trifft in Vorbehaltsgebie-ten zu und führt bei einem Nichtvorliegen der Geneh-migung zu einer Unwirksamkeit der Eintragung des Rechtsgeschäftes.[198] Die Kontrolle hat durch die zu-ständige Grundverkehrsbehörde zu erfolgen, die Ge-meinden sind aber zur Mitwirkung in der Vollziehung verpflichtet. Gibt es einen konkreten Verdacht, haben Versorgungs- und Entsorgungsunternehmen oder die Erbringer:innen von Postdiensten auf Anfrage des Bürgermeisters/der Bürgermeisterin die zur Beur-teilung der Nutzung erforderlichen Auskünfte zu er-teilen und die erforderlichen Daten zu über-mitteln. Diese Daten sind auch an die Bezirksverwaltungsbe-hörde zu übermitteln, sofern sie für ein Strafverfah-ren relevant sind.[199]

Die Sachlage zur Kontrolle von (rechtswidrigen) Frei-zeitwohnsitzen, die im Zusammenhang mit grund-verkehrsrechtlichen Bestimmungen stehen, ist ins-gesamt stark ausdifferenziert und für Laien kaum zu überblicken. Kontrollpflichten liegen bei Grundver-kehrsbehörden und/oder Gemeinden und je nach Bundesland sind auch konkrete Ermächtigungen für die Durchführung von Kontrollen festgelegt (OÖ, Slbg, T). Die Bestimmungen im Bgld GVG sind z. B.

aber rein theoretischer Natur, da lediglich zwei Ge-meinden per Verordnung als Vorbehaltsgemeinden ausgewiesen sind und damit de facto keine Praxisre-levanz oder Steuerungswirkung besteht.

Neben der Kontrolle der Nutzungen von Wohnungen und Baugrundstücken nach dem Grundverkehrsrecht spielt in erster Linie die Nutzungsreglementierung nach dem Raumordnungs- und Baurecht für Freizeit-wohnsitze eine Rolle. Zulässige Nutzungen werden in erster Linie über den Flächenwidmungsplan (oder im Zusammenhang mit Freizeitwohnsitzen auch durch Bescheid und komplexe Ausnahmebestimmungen) festgelegt und durch Baubescheide vollzogen. Die Kontrolle des Verwendungszwecks von Gebäuden fällt daher in den Aufgabenbereich der örtlichen Bau-polizei.[200] Das zuständige Kontrollorgan ist der/die Bürgermeister:in oder in Städten mit eigenem Statut der Magistrat. Grundsätzlich gilt, dass jede Kontrol-le durch Organe einer entsprechenden gesetzlichen Grundlage bedarf und auch die Kontrollinstrumente festzulegen sind. Der Großteil der Bundesländer verfügt in den Raumordnungsgesetzen über keine besonderen Bestimmungen zur Kontrolle von Frei-zeitwohnsitzen (Burgenland, Kärnten, Niederöster-reich, Oberösterreich, Steiermark, Wien). Lediglich Salzburg, Tirol und Vorarlberg haben hier einschlä-gige Regelungen in ihre Raumordnungsgesetze auf-genommen.

Mit der grundlegenden Neuregelung von Freizeit-wohnsitzen im Salzburger Raumordnungsrecht im Jahr 2017[201] wurden erstmals auch **dezidierte Kon-trollmechanismen** in das **Slbg ROG** aufgenommen. Bestehen für eine Gemeinde konkrete Anhaltspunkte dafür, dass eine Wohnung unrechtmäßig als Zweit-wohnung im Sinn des Slbg ROG verwendet wird, hat sie die Eigentümer:innen darüber zu informieren und zur Stellungnahme innert angemessener Frist auf-zufordern.[202] Können die Bedenken nicht entkräftet werden, hat die Gemeinde die Bezirksverwaltungs-behörde unverzüglich in Kenntnis zu setzen. Wenn die Verwendungsbeschränkung nicht anders durch-zusetzen ist, hat die Gemeinde die Unzulässigkeit der Verwendung einer Wohnung als Zweitwohnung nach Durchführung eines Ermittlungsverfahrens mit Be-scheid festzusetzen und die Eigentümer:innen aufzu-fordern, die unrechtmäßige Zweitwohnungsnutzung binnen Jahresfrist zu beenden oder die Wohnung zu veräußern. Die Gemeinde kann im Zuge des Ermitt-

---

194 § 14a Tiroler GVG 1996.
195 § 14a Abs. 6 Tiroler GVG 1996.
196 § 38 Tiroler GVG 1996.
197 § 8 Abs. 2 Z 2 Oö GVG.
198 § 17 Oö GVG 1994.
199 § 33 Oö GVG 1994.
200 § 118 Abs. 3 Z 9 B-VG 1930.
201 LGBl. für Slbg Nr. 82/17.
202 § 31a Abs. 1 Slbg ROG 2009.

lungsverfahrens die Vorlage eines Nachweises über die Nutzung der Wohnung verlangen.[203] Kommen die Eigentümer:innen der Liegenschaft oder eines Superädifikates oder die Inhaber:innen eines Baurechts einem Bescheid nicht nach, hat die Landesregierung dies in einem Bescheid festzustellen und die Gemeinde zu berechtigen, dass sie namens des Landes Salzburg die Versteigerung der Liegenschaft beim zuständigen Exekutionsgericht betreiben kann. Salzburg hat damit ein restriktives Kontrollregime etabliert, das bis zu einer Versteigerung der Liegenschaft reicht – dies wohlgemerkt aufgrund des fehlenden Vorliegens eines Baukonsenses. Das Verwaltungsstrafverfahren ist unabhängig davon durch die Bezirksbehörde zu führen.

Das **TROG** widmet in Tirol den Freizeitwohnsitzen sehr umfangreiche Bestimmungen. Unmittelbar zur Beschränkung von Freizeitwohnsitzen werden auch entsprechende Strafbestimmungen normiert. Die Kontrollpflicht liegt bei den Gemeinden, wobei ein anderer Zugang als in Salzburg gewählt wurde. In Verfahren wegen Verwaltungsübertretung hat der/die Eigentümer:in (oder Verfügungsberechtigte) des Wohnsitzes auf schriftliches Verlangen der Behörde binnen einer angemessen festzusetzenden Frist den Nachweis über die Nutzung des betreffenden Wohnsitzes zu erbringen.[204] Die Gemeinde, die Anzeige erstattet, ist in derartigen Verwaltungsverfahren des Weiteren Partei und zur Beschwerde an das Landesverwaltungsgericht berechtigt.[205] Das TROG enthält also keinen Katalog für die Beweisführung über eine angenommene rechtswidrige Nutzung als Freizeitwohnsitz, sondern überträgt die Verantwortung der Beweisführung auf die der Verwaltungsübertretung bezichtigte Partei. Gleichzeitig hat das Land Tirol für Gemeinden einen „Leitfaden zu Feststellung eines Freizeitwohnsitzes" herausgegeben, um den Gemeinden eine entsprechende Hilfestellung anzubieten.

Das **Vlbg RplG** sieht zwar umfangreiche Bestimmungen zu Ferienwohnungen vor[206], und die Kontrolle der Einhaltung der konformen Nutzung obliegt der örtlichen Baupolizei, konkrete Bestimmungen und Ermächtigungen für die Durchführung von Kontrollen sind im RplG aber nicht enthalten.

Bei Kontrollen durch Behördenorgane gelten grundsätzlich einige Prinzipien. Kontrollmaßnahmen der (Bau-)Behörden unterliegen folgenden verfassungsrechtlich geschützten Grund- und Menschenrechten:

→ **Recht auf Achtung des Privat- und Familienlebens:** Gemäß Art 8 EMRK hat man Anspruch auf Achtung seines Privat- und Familienlebens, seiner Wohnung und seines Briefverkehrs. „Der Eingriff einer öffentlichen Behörde in die Ausübung dieses Rechts ist nur statthaft, insoweit dieser Eingriff gesetzlich vorgesehen ist und für die öffentliche Ordnung notwendig ist."

→ **Recht auf Unverletzlichkeit des Hausrechts:** Das Gesetz zum Schutze des Hausrechts sieht vor, dass „eine Durchsuchung der Wohnung oder sonstiger zum Hauswesen gehörigen Räumlichkeiten in der Regel nur kraft eines mit Gründen versehenen richterlichen Befehls unternommen werden darf."[207]

Eingriffe in diese Grundrechte sind nicht ausgeschlossen und grundsätzlich möglich, wenn
→ ein öffentliches Interesse vorliegt,
→ die Maßnahmen und angewendeten Methoden geeignet sind und
→ die Maßnahmen sowie die Vorgangsweisen verhältnismäßig sind.

Dem Legalitätsprinzip folgend, dürfen die Behörden im Rahmen ihrer Kontrolltätigkeiten grundsätzlich nur jene Instrumente anwenden, die gesetzlich – im Raumordnungs-, Bau- oder Grundverkehrsrecht – vorgeschrieben sind.

Die Grundverkehrs- und Raumordnungsgesetze der Länder sehen teilweise recht umfangreiche Betretungsrechte für Organe vor. Wie die begründete Vermutung einer rechtswidrigen Verhaltensweise auszusehen hat, damit Organen tatsächlich der Zutritt zu Wohnungen zu gewähren ist, harrt noch höchstgerichtlicher Klärung.

Typische Kontrollinstrumente, die den beauftragten Organen zur Sicherung entsprechender Beweismittel über die tatsächlich vorliegende Nutzung von Wohnungen dienen, sind:
→ Zufahrt und Zutritt zu Objekten,
→ Auskunft über Nutzung durch Eigentümer:in,
→ Abfrage von Verbraucherdaten und Daten von Zustell-/Postdiensten,
→ Strafen bei unvollständigen oder falschen Auskünften.

In diesem Zusammenhang sind auch die Verzahnung unterschiedlicher Rechtsmaterien und die Kooperation verschiedener Behörden wesentlich. Wie dargestellt sind die Kontrollorgane bei der Gemeinde oder

---

203 § 31a Abs. 3 Slbg ROG 2009.
204 § 13a Abs. 5 TROG 2022.
205 § 13a Abs. 6 TROG 2022.
206 §§ 16, 16a Vlbg RplG 1996.
207 § 1 Gesetz zum Schutze des Hausrechts, Gesetz vom 27. October 1862 (Reichs-Gesetz-Blatt Nr. 88).

bei der Grundverkehrsbehörde angesiedelt. Besteht ein Anfangsverdacht auf eine rechtswidrige Nutzung als Freizeitwohnsitz, hat eine Anzeige zu erfolgen. Diese kann durch die Gemeinde (an die BH) aber auch durch natürliche Personen (an die Gemeinde oder BH) eingebracht werden. Je nach Regelung im Bundesland sind dann entsprechende Verfahren einzuleiten. Aus dem **Baurecht** hat eine **Nutzungsuntersagung per Bescheid** und ggf. eine Einleitung des Strafverfahrens nach planungsrechtlichen Bestimmungen zu erfolgen. Die **Grundverkehrsbehörde** muss tätig werden, wenn eine bestehende **Erklärungs- oder Genehmigungspflicht nicht eingehalten** wurde. Die Bezirksverwaltungsbehörde hat das Verwaltungsstrafverfahren einzuleiten. Für all diese Schritte ist eine entsprechende Sammlung von Beweismitteln in den Ermittlungsverfahren durchzuführen. Das bedeutet, dass die rechtswidrige Nutzung zu belegen und zu dokumentieren ist. Die ist ungemein zeit- und ressourcenaufwendig, da es sich bei einer rechtswidrigen Nutzung einer Wohnung als Freizeitwohnsitz um ein Dauerdelikt handelt und dies detailliert nachzuweisen ist. Die Qualität der Beweisführung entscheidet in Verfahren idR auch über deren Ausgang. Aktuell werden viele Strafverfahren eingestellt oder Strafbescheide durch gerichtliche Entscheide aufgehoben. Diese Praxis führt aktuell zu einer aufreibenden Kontrollpraxis für die Behörden, die auch immer wieder in den Medien dargestellt wird.

5.2 Sanktionierung „illegaler" Freizeitwohnsitze

Die Nutzung eines Wohnsitzes als Freizeitwohnsitz, ohne über eine dafür erforderliche Rechtsgrundlage im Flächenwidmungsplan oder eine bescheidmäßige Genehmigung zu verfügen oder auch entgegen einer einschlägigen Erklärung aus den grundverkehrsrechtlichen Regelungen heraus, wird gemeinhin als „illegale" Freizeitwohnsitznutzung bezeichnet. Grundsätzlich ist bei illegalen Freizeitwohnsitzen zwischen konsenslosen und konsenswidrigen Nutzungen zu unterscheiden: Bei konsenslosen Freizeitwohnsitzen liegt für das Gebäude selbst keine Baubewilligung vor. Bei konsenswidrigen Freizeitwohnsitzen ist eine aufrechte Baubewilligung vorhanden, jedoch verstößt die Freizeitwohnsitznutzung gegen den in der Baubewilligung festgelegten Verwendungszweck. Rechtswidrige Freizeitwohnsitznutzungen sind grundsätzlich einerseits einzustellen und andererseits mit Verwaltungsstrafen zu belegen.

Während der Nachweis der konsenswidrigen Nutzung bei landwirtschaftlichen Gebäuden einfach erscheint, sind konsenswidrige Freizeitwohnsitze in Wohnungen oder Wohngebäude, die widmungs- und baurechtlich für dauerhaftes Wohnen vorgesehen sind, vergleichsweise schwer nachzuweisen.

Die legalen Nutzungsmöglichkeiten von Wohngebäuden (dauerhaftes Wohnen, Leerstand von Wohnungen, Arbeits- oder Ausbildungswohnsitz) erschweren den Nachweis einer rechtswidrigen Nutzung als Freizeitwohnsitz für die Gemeinden erheblich. Die Feststellung einer nicht dauerhaften Nutzung einer Wohnung reicht nicht mehr aus, da in bestimmten Fällen auch zeitweilige Nutzungen oder auch der Leerstand rechtskonform sein können.

Gibt es aus dem **Grundverkehrsrecht** heraus Erklärungspflichten als Voraussetzung für die Abwicklung eines Rechtsgeschäftes, reichen die Folgen von Verwaltungsstrafen bis hin zur Rückabwicklung. Gemäß des **Bgld GVG** hat die Grundverkehrsbehörde per Bescheid ein Verfahren über die Prüfung einer etwaig unrichtigen Erklärung einzuleiten – sprich falls in einer Vorbehaltsgemeinde ein Freizeitwohnsitz entgegen des Inhalts einer Erklärung errichtet wurde.[208] Wenn die Grundverkehrsbehörde mit Bescheid feststellt, dass die Erklärung unrichtig ist, verbleiben dem/der Betroffenen vier Wochen für die Sanierung des Zustandes. Bei Nichteinhaltung der Fristen wird eine Strafe von bis zu € 730,- fällig und wenn keine Sanierung erfolgt – im Sinn der Einstellung der Freizeitwohnsitznutzung – kann das Rechtsgeschäft rückabgewickelt werden.[209] Im **Ktn GVG** sind die Strafbestimmungen nur für Verstöße gegen die im Ausländer:innengrundverkehr normierte Genehmigungspflicht relevant. Der Strafrahmen beläuft sich auf bis zu € 36.660,- oder einer Freiheitsstrafe bis zu sechs Wochen.[210] Das **OÖ GVG** hat mit € 36.000,- einen ähnlich hohen Strafrahmen, der aber im Zusammenhang mit der Genehmigungspflicht von Freizeitwohnsitzen in Vorbehaltsgebieten keine Anwendung findet. [211] Im **Salzburger GVG** finden sich mittlerweile sehr diffizile Bestimmungen zur Sanktionierung unzulässiger Freizeitwohnsitznutzungen. Die Landesregierung hat dem/derjenigen, der/die die Nutzungserklärung bei Rechtserwerb abgegeben hat, mit Bescheid aufzutragen, ein erklärungswidriges Nutzen oder Nutzenlassen des Gegenstandes innerhalb einer angemessenen Frist zu beenden und jedes weitere erklärungswidrige Nutzen oder Nutzenlassen des Gegenstandes der Erklärung zu unterlassen. [212]

---

208 § 18 Abs. 1 Bgld GVG 2007.
209 § 18 Abs. 4 und § 19 Bgld GVG 2007.
210 § 34 Abs. 2 lit b Ktn GVG 2002.
211 § 35 Abs. 2 Z 1 Oö GVG 1994.
212 § 32 b Abs. 1 Slbg GVG 2001.

Die Strafbestimmungen des Slbg GVG mit dem Strafrahmen von bis zu € 10.000,- greifen z. B., wenn unrichtige Angaben gegenüber der Behörde getätigt werden oder der Zutritt zum jeweiligen Objekt verwehrt wird.[213] Das **Stmk GVG** bezieht sich in seinen Strafbestimmungen ganz konkret auf eine unrechtmäßige Nutzung von Wohnungen als Zweitwohnsitz in einer Beschränkungsgemeinde. Dort liegt der Strafrahmen bei bis zu € 35.000,-.[214] Gemäß des **Tiroler GVG** begeht eine Verwaltungsübertretung, wer ein Gebäude, eine Wohnung oder einen sonstigen Teil eines Gebäudes ungeachtet eines der Erklärungspflicht unterliegenden Rechtserwerbes als Freizeitwohnsitz verwendet oder anderen zur Verwendung als Freizeitwohnsitz überlässt. Die Geldstrafe beträgt bis zu € 40.000,-.[215]

Strafbestimmungen im Zusammenhang mit einer konsenslosen oder konsenswidrigen Nutzung von Wohnungen als Freizeitwohnsitz können auch im Raumordnungsrecht verankert sein, was aber nicht in allen Bundesländern der Fall ist. Das Bgld RplG hat lediglich Strafbestimmungen für EKZ, das Ktn ROG, das NÖ ROG, das Oö ROG beinhalten z. B. gar keine Strafbestimmungen.

In **Salzburg** wurden die Strafbestimmungen im Slbg ROG mit der Novelle zu Zweitwohnungen neu geregelt.[216] Eine Verwaltungsübertretung begeht demnach jemand, der eine Wohnung entgegen § 31 Abs. 2 Slbg ROG als Zweitwohnung verwendet oder wissentlich verwenden lässt.[217] Eine derartige Verwaltungsübertretung ist unbeschadet sonstiger Folgen (baupolizeilicher Auftrag, Vollstreckung udgl.) zu bestrafen. Der Strafrahmen dafür beträgt bis zu € 25.000 und für den Fall der Uneinbringlichkeit eine Ersatzfreiheitsstrafe mit bis zu fünf Wochen.[218] In **Tirol** sind die Strafbestimmungen unmittelbar Teil der Regelungen zur Beschränkung von Freizeitwohnsitzen. Eine Verwaltungsübertretung begeht, wer unrichtige Angaben tätigt oder einen Freizeitwohnsitz ohne entsprechende rechtliche Grundlage nutzt. Bei Zweiterem liegt der Strafrahmen bei € 40.000,-.[219] In **Vorarlberg** sieht das Vlbg RplG ebenfalls Strafen für die rechtswidrige Nutzung von Wohnräumen als Ferienwohnung vor. Die Geldstrafe dafür beträgt bis zu € 35.000,-.[220]

Die Strafbestimmungen in den Grundverkehrs- und Raumordnungsgesetzen der Länder sind insofern interessant, als der Strafrahmen durchwegs sehr hoch ist. Die Strafhöhe ist im Rahmen des Verwaltungsstrafverfahrens durch die Bezirksbehörde festzusetzen.

Durch die Bezahlung der Strafe wird grundsätzlich eine rechtswidrige Nutzung nicht legalisiert. Die Nutzung muss entsprechend dem genehmigten Bescheid geändert werden. Das bedeutet entweder die gegenständliche Wohnung für dauerhaftes Wohnen zu nutzen, sie leer stehen zu lassen oder eine zulässige zeitweilige Nutzung zu etablieren. Wie bereits dargestellt, wäre das die Nutzung als Arbeitswohnsitz oder die Nutzung für Ausbildungszwecke. Natürlich muss die konforme Nutzung nicht durch den/die Eigentümer:in selbst erfolgen, sondern es kann z. B. auch vermietet oder veräußert werden. Die Proforma-Meldung eines Hauptwohnsitzes, die Meldung eines Gewerbes, ohne eine tatsächliche Änderung der nicht zulässigen Freizeitwohnsitznutzung ändern nichts an dem rechtswidrigen Zustand und kann wiederum mit einer Strafe belegt werden.

---

213 § 25 Abs. 1 Z 6 und Z 7 Slbg GVG 2001.
214 § 53 Abs. 1 und 2 Stmk GVG 1993.
215 § 36 Abs. 1 lit c Tiroler GVG 1996.
216 LGBl. für Slbg Nr. 82/17.
217 § 78 Abs. 1 Slbg ROG 2009.
218 § 78 Abs. 2 Z 2 Slbg ROG 2009.
219 § 13a Abs. 1-4 TROG 2002.
220 § 57 Abs. 1 lit e und Abs. 2 lit b Vlbg RplG 1996.

6 AKTUELLE HERAUSFORDERUNGEN UND INTERNATIONALE BEISPIELE

Die Darstellung und Diskussion der aktuell bestehenden Steuerungsansätze für Freizeitwohnsitze im Grundverkehrs- und Planungsrecht liefern naturgemäß nur einen begrenzten Einblick in aktuelle Herausforderungen insb. im Zusammenhang mit Umgehungstendenzen. Nicht zuletzt medial wurden in den letzten Jahren gewerbliche Vermietungsmodelle, die teilweise zur versteckten Errichtung von Freizeitwohnsitzen dienen, umfassend thematisiert.[221] Dabei geht es z. B. um Fragen von Nutzungskonflikten, Verdrängung, nachteiligen Preiseffekten, Zerstörung der Kulturlandschaft etc. Das folgende Kapitel soll daher bestehende regularische Herausforderungen im Zusammenhang mit Investorenmodellen und Campingplätzen darstellen. Zusätzlich werden kurz bestehende Erfahrungen mit Freizeitwohnsitzquoten sowie internationale Regelungsansätze in Nachbarländern thematisiert.

6.1 Investorenmodelle und Kurzzeitvermietungen

In Österreich wird seit einigen Jahren der Begriff der „Investorenmodelle" im Zusammenhang mit vermuteten Umgehungen von Freizeitwohnsitzrestriktionen und der Finanzierung von Beherbergungsbetrieben genutzt. In den omnipräsenten Medienberichten zu diesem Thema wird selten klar dargestellt, welches Finanzierungsmodell im Hintergrund steht und welche Nutzungen rechtlich zulässig oder unzulässig sind. Hinzu kommt, dass mitunter eine Vermischung mit der Steuerung von Freizeitwohnsitzen und der gewerblichen Vermietung von einzelnen Wohneinheiten im reinen Wohnumfeld erfolgt.

Investorenmodelle in Österreich sind im allgemeinen Beherbergungsinfrastrukturen – mit unterschiedlicher Ausprägung von Wohnungen, über Häuser, Hotelapartments etc. – die im Besitz verschiedener natürlicher oder juristischer Personen stehen oder an denen Teilen Nutzungsrechte durch unterschiedliche Parteien gehalten werden. Im englischen Sprachraum wird von sogenannter „multi-owned tourism accommodation" (MOTA) gesprochen, und es werden unterschiedliche Modelle unterschieden.[222]

In Österreich waren bis in die 1990er-Jahren in erster Linie **Time-Sharing-Modelle** üblich. Bei derartigen Modellen werden keine Eigentumsrechte erworben, sondern lediglich zeitlich begrenzte Nutzungsrechte. Die Einräumung von derartigen Nutzungsrechten zwischen Unternehmen und einem/einer Verbraucher:in erfolgt bei einer Vertragsdauer über einem Jahr auf Basis des Teilzeitnutzungsgesetzes.[223] Der wesentliche Unterschied zu einem Hotelbetrieb besteht in der wiederkehrenden Einräumung von Nutzungsrechten. Verbraucher:innen erwerben das Recht z. B. jedes Jahr in der dritten Juliwoche das Objekt nutzen zu können. Die Verträge sehen entsprechende Nutzungsentgelte vor – ungeachtet der tatsächlichen Nutzungen in den zulässigen Zeiträumen. Die Betreuung von Time-Sharing-Modellen ist entsprechend aufwendig, fällt aber idR nicht unter die Restriktionen einschlägiger Freizeitwohnsitzbestimmungen, weil ein Objekt zeitweilig von unterschiedlichen Personen genutzt wird. Neue Time-Sharing-Projekte in touristisch geprägten Alpenregionen sind mittlerweile selten geworden und stattdessen hat sich ein anderes Finanzierungs- und Nutzungsmodell etabliert.

Unter dem Begriff Investorenmodell wird in Österreich mittlerweile zumeist das sogenannte **Buy-to-let-Modell** verstanden. Dieses Modell ist einerseits eine Reaktion auf evidente Probleme in der Tourismusfinanzierung und andererseits ein äußerst lukratives Modell für Immobilienentwickler:innen. Bei solchen Projekten werden von einem/einer Entwickler:in Wohneinheiten errichtet, die grundsätzlich nicht für dauerhaftes Wohnen gedacht sind – dies ist bereits an den Grundrissen und der Ausstattung ersichtlich. Je nach Projekt werden die Wohneinheiten in Apartmenthäusern, als solitäre Chalets oder zum Beispiel in Form von Almdörfern errichtet. Die einzelnen Wohneinheiten werden basierend auf einem Nutzwertgutachten[224] im Wohnungseigentum abverkauft. Wenn Einheiten auf Widmungen liegen, die eine Freizeitwohnsitznutzung zulassen, geht das im Regelfall mit einer deutlichen Wertsteigerung einher. Wohneinheiten, die nur in allgemeinen Mischgebietskategorien liegen, lassen dann natürlich keine Freizeit-

---

221 z. B. die Schwerpunktsendungen bei „Am Schauplatz" – Geld versetzt Berge (2019), Der verbaute See (2022), Betongold an der Piste (2022).

222 Warnken und Guilding, 2009.

223 Bundesgesetz über den Verbraucherschutz bei Teilzeitnutzungs- und Nutzungsvergünstigungsverträgen, StF BGBl. Nr. I 8/2011 idF 27/2019.

224 § 9 Wohnungseigentumsgesetz 2002.

wohnsitznutzung zu. Um eine Investition in einzelne Einheiten trotzdem attraktiv zu gestalten, werden daher bei Projekten zumeist zentrale Einrichtungen, die für einen Hotelbetrieb erforderlich sind, miterrichtet (Rezeption, Frühstücksraum, Wellnessbereich) und die Eigentümer:innen verpflichten sich unmittelbar bei Kauf zur Verpachtung der gekauften Einheit an eine Betreibergesellschaft, die selbst wiederrum einer gewerblichen Vermietungsverpflichtung unterliegt und die einzelnen Einheiten am Beherbergungsmarkt anbietet. Den eigentlichen Eigentümer:innen der Wohneinheiten wird eine lukrative jährliche Rendite in Aussicht gestellt. Die unentgeltliche Nutzung der eigenen Wohneinheit ist aber nicht zulässig, weil das bereits einer Freizeitwohnsitznutzung entsprechen würde. Bei den Buy-to-let-Modellen handelt es sich also um reguläre gewerbliche Beherbergungsbetriebe mit einer Vielzahl von Wohnungseigentümer:innen, die gemeinsam eine Wohnungseigentümer:innengemeinschaft bilden. Die Vermietung wird durch eine konzessionierte Betreibergesellschaft sichergestellt. Der Vorteil des Modells liegt in der vermeintlich risikoarmen Investition in Wohnungseigentum gegenüber der risikobehafteten Beteiligung an einer Errichtungs- oder Betreibergesellschaft. Die Nachteile des Modells liegen auf der Hand. Erforderliche Reinvestitionen sind durch die komplexe Eigentümer:innenstruktur schwer zu organisieren und die Pachtverträge mit den Betreibergesellschaften laufen nach teilweise bereits sieben Jahren aus. Gemeinden sind dann mitunter mit der Situation konfrontiert, dass die ursprünglich für die gewerbliche Vermietung gedachten Projekte nicht mehr angeboten werden und die einzelnen Wohneinheiten dann entweder individuell vermietet werden, leer stehen oder (illegal) als Freizeitwohnsitze genutzt werden. Derartige Situationen erzeugen natürlich auch einen entsprechenden politischen Druck, ggf. durch Änderung der Flächenwidmungsplanung eine Freizeitwohnsitznutzung zu legitimieren.

In der Diskussion zu alternativen Vermietungsformen tauchen auch Angebote der **Kurzzeitvermietung** via „Sharing-Economy" auf. Am bekanntesten ist wohl die Plattform AirBnB. Die Effekte und Probleme sowie regulatorischen Erfordernisse, die im Zusammenhang mit derartigen Kurzzeitvermietungen entstehen, stehen nicht ursächlich im Zusammenhang mit der Diskussion zur Steuerung von Freizeitwohnsitzen. In den letzten Jahren hat sich die Wissenschaft umfassend dieses Phänomens angenommen, um einerseits die Zulässigkeit solcher Modelle zu klären (Umgehung des MRG, gewerbliche Vermietung durch Mieter:innen etc.)[225] und anderseits die Effekte auf den Wohnungsmarkt und die Preisentwicklung

abzuschätzen. Auch im Zusammenhang mit Kurzzeitvermietungen stellt sich vor allem die Frage der Kontrolle und Sanktionierung in Bereichen, wo dies nicht zulässig ist. Um die Kontrollen zu erleichtern, hat das Land Salzburg 2020 z. B. eine Registrierungspflicht für AirBnB-Vermieter:innen eingeführt und kontrolliert die Einhaltung auch entsprechend.

6.2 Camping- und Mobilheimplätze

Das Themenfeld der Camping- und Mobilheimplätze muss im Zusammenhang mit der Steuerung von Freizeitwohnsitzen mittlerweile ebenfalls diskutiert werden, da hier in den letzten Jahren vermehrt eine Abkehr von dem bisher etablierten Vermietungsmodell stattgefunden hat. Campingplätze ermöglichen an und für sich die zeitweilige Nutzung für Urlaubs- und Erholungszwecke mit Wohnmobilen oder Zelten. Über die Jahrzehnte ist bei vielen Campingplätzen auf einzelnen Stellplätzen eine ausschließliche Nutzung durch eine:n Mieter:in festzustellen, die in der Regel mit einer baulichen Ausgestaltung einhergeht. Wohnmobile werden mit diversen Anbauten versehen und ganzjährig abgestellt. Diesem Trend folgend werden durch Campingplatzbetreiber:innen oder Mieter:innen sogenannte Mobilheime aufgestellt. Diese sind zwar noch grundsätzlich beweglich, aber üblicherweise nicht mehr im regulären Straßenverkehr mit einem Kfz zu transportieren.

Eine eher neue Tendenz ist, dass auch einzelne Stellplätze auf Campingplätzen unmittelbar verkauft werden. Die an und für sich im Einheitseigentum stehenden Flächen von Campingplätzen erleben damit eine Eigentumszersplitterung. Ohne die wechselnde Vermietung von Stellplätzen kann aber schnell eine Freizeitwohnsitznutzung vorliegen. Daran ändert auch die Eigenschaft von Mobilheimen, grundsätzlich beweglich zu sein, nichts. Wenn sie nicht bewegt, aber für Freizeit- und Erholungszwecke bewohnt werden, gelten sie als Bauwerk und sind in einigen Bundesländern mittlerweile durch entsprechende Regelungen in den Campingplatzgesetzen erfasst. Hinzu kommt aktuell auch der Trend zu mobilen „Tiny-Houses" in Form von Wohnwägen, der Fragen zu Widmungskonformität und zur Genehmigung und Nutzung aufwirft.

Die Bundesländer verfügen fast alle über einschlägige **Gesetze zur Regelung von Campingplätzen** und haben diese in den letzten Jahren auch weitgehend novelliert. Grundsätzlich sind Campingplätze Einrichtungen, die idR einer **Bewilligungspflicht** nach dem jeweiligen Campingplatzgesetz unterliegen[226] und

---

225 Seeber-Grimm und Seeber, 2018.
226 § 5 Bgld Camping- und Mobilheimgesetz 1982 idF LGBl. Nr. 83/2020, § 72 OÖ Tourismusgesetz 2018 idF LGBL. Nr. 134/2021, § 4 Slbg Campingplatzgesetz 2013, § 3 Vlbg Campingplatzgesetz 1981 idF LGBl. Nr. 4/22.

für die die **Widmungskonformität** eine Bewilligungsvoraussetzung darstellt.[227] In Niederösterreich und Tirol ist etwa nur eine Anzeige vorgesehen.[228]

Interessant sind vor allem die Änderungen der Campingplatzgesetze zur Berücksichtigung von Mobilheimen, die zwar beweglich sind, aber de facto für eine dauerhafte Wohnnutzung ausgelegt sind. Im Burgenland sind Mobilheimplätze für mehr als fünf Mobilheime ebenfalls bewilligungspflichtig und demnach nur auf solchen genehmigten Plätzen zulässig.[229] In Oberösterreich sind Mobilheime als bewegliche Bauwerke erfasst und bzgl. ihrer Eigenschaften genau definiert.[230] Sie sind auf Campingplätzen zulässig, dürfen aber nur max. 20 % bzw. max. 15 Standplätze eines Campingplatzes ausmachen. Eine Siedlung aus Mobilheimen ist also nicht zulässig. Auch das Salzburger Campingplatzgesetz wurde jüngst novelliert und hat nunmehr den Begriff des Mobilheimes[231] definiert und diese auf Campingplätzen für zulässig erklärt.[232] Die Novelle hat für viele Reaktionen gesorgt, weil es für Eigentümer:innen von Stellplätzen möglich ist, Mobilheime zu „errichten" und diese als Freizeitwohnsitz zu vermieten. Dies wird von kritischen Stimmen als Umgehung der restriktiven Freizeitwohnsitzbestimmungen gesehen.

In Vorarlberg sind auf Campingplätzen ebenfalls Mobilheime zulässig. Dabei handelt es sich um ein im Ganzen oder Teilen transportables Wohnobjekt.[233] Mobilheime dürfen max. 30 % der Anzahl aller Standplätze ausmachen und nur ständig wechselnden Gästen überlassen werden. Die Standfläche darf nicht mehr als 50 m² betragen.[234] Wenn derartige Mobilheime nicht an ständig wechselnde Gäste vermietet werden – sprich ein versteckter Freizeitwohnsitz besteht – kennt das Vlbg Campingplatzgesetz entsprechende Strafbestimmungen mit einem Strafrahmen von bis zu € 14.000,- für die Verwaltungsübertretung.[235]

Durchaus interessant ist im Zusammenhang mit Campingplätzen die unterschiedliche Regelungsdichte in den Bundesländern. Während in Salzburg Bestimmungen im Zusammenhang mit der Regulierung von Campingplätzen existieren, die mit einem Veräußerungsverbot einen wesentlichen Eigentumseingriff bedeuten, verfügen die Steiermark und Wien über keine einschlägigen Gesetze.

6.3 Erfahrungen mit geltenden Quotenregelungen in den Bundesländern

Zu den **Erfahrungen mit den existierenden Quotenregelungen** wurden durch das Autorenteam bereits vor einigen Jahren Amtssachverständige in den Ämtern der Landesregierungen befragt. Insbesondere im Hinblick auf die Kontrolle der Einhaltung der Regelungen – etwa bei Erteilung der aufsichtsbehördlichen Genehmigung – und der Steuerungswirkung.

In **Salzburg** wurde mit der Raumordnungsgesetznovelle 2017 die Höhe der Zweitwohnungsquote diskutiert und von 10 % auf 16 % erhöht, wobei auch die Definition grundlegend verändert wurde und womit keine Vergleichbarkeit gegeben ist. In Salzburg gelten Beschränkungen ab einem Nicht-Hauptwohnsitzanteil von 16 % in einer Gemeinde, wobei die Herleitung unter der Betrachtung von Indikatoren (Zu-/Abwanderung, Zweitwohnungsgebiete je Einwohner:in, Tourismusindikator im Zusammenhang mit den Nächtigungen, Dauersiedlungsraum, Wohnungen je Haushalt) vorgenommen wurde. Die neue Definition und Vorgangsweise steht im Zusammenhang mit der Schwierigkeit, die bisherige Quote überprüfen zu können. Da die Salzburger Gemeinden kein Verzeichnis führen müssen, fehlten idR entsprechende aktuelle Informationen für die Beurteilung des tatsächlichen Anteils.[236] Die Steuerungswirkung der neuen Regelung ließ sich aufgrund des Inkrafttretens mit 1. Januar 2019 im Jahr 2018 noch nicht abschätzen, und auch seither wurde keine Evaluierung von Landesseite vorgenommen.

In **Tirol** ist ein Freizeitwohnsitzverzeichnis[237] durch den/die Bürgermeister:in zu führen. In diesem sind Freizeitwohnsitze, für die eine Baubewilligung vorliegt, sowie solche, die nach den Bestimmungen des TROG rechtmäßig bestehen (siehe Ausnahmebewilligung), einzutragen. Freizeitwohnsitze deren Eigenschaft als solche bzw. die Baubewilligung erloschen ist, sind aus dem Verzeichnis wieder zu streichen. Die Einführung des Freizeitwohnsitzverzeichnisses war eine Reaktion auf die Schwierigkeit die 8-Prozent-Quote kontrollieren zu können. Die Gemeinden wussten mitunter nicht über den tatsächlichen Bestand an rechtmäßig bestehenden Freizeitwohnsitzen Bescheid und müs-

---

227 § 2 Abs. 1 Bgld Camping- und Mobilheimgesetz 1982, § 70 Abs. 3 Oö Tourismusgesetz 2018, § 4 Abs. 2 lit c Tiroler Campinggesetz 2001 idF LGBl. Nr. 48/2021 § 2 Abs. 1 Vlbg Campingplatzgesetz 1983.
228 § 3 NÖ Campingplatzgesetz 1999 idF LGBl. Nr. 5750-1. § 4 Abs. 1 Tiroler Campinggesetz 2001.
229 § 27 Bgld Camping- und Mobilheimgesetz 1982.
230 § 70 Abs. 2 Z 3 Oö Tourismusgesetz 2018.
231 § 2 Z 6 Salzburger Campingplatzgesetz 2013.
232 §§ 7a, 7b und 7c Salzburger Campingplatzgesetz 2013.
233 § 1 Abs. 2 lit e Vlbg Campingplatzgesetz 1983.
234 § 2 Abs. 6 und 7 Vlbg Campingplatzgesetz 1983.
235 § 19 Abs. 1 lit b und c, Abs. 2 Vlbg Campingplatzgesetz 1983.
236 Dollinger, 2018.
237 § 14 TROG 2016, erstmals mit Novelle 56/11.

sen diesen nunmehr erheben und melden.[238] Die Anteile der Gemeinden werden online publiziert.[239] Mit Stand 13. Juni 2019 wiesen bereits ca. ein Drittel der 279 Tiroler Gemeinden einen Freizeitwohnsitzanteil von über 8 % auf. Spitzenreiter ist dabei die Gemeinde Hinterhornbach mit einem Anteil von ca. 76 %

Schlüsselbotschaft

→ Quotenregelungen müssen so getroffen werden, dass der **aktuelle Stand** in einzelnen Gemeinden **ohne großen Aufwand** herangezogen werden kann, um als Grundlage für Umwidmungen, aufsichtsbehördliche Genehmigungen bzw. Baubewilligungen dienen zu können. Dafür eignen sich Verzeichnisse, die von den Gemeinden geführt werden (Tirol, Vorarlberg) oder Rahmendefinitionen für Beschränkungsgemeinden, die sich aus öffentlichen statistischen Daten unschwer feststellen lassen (Nicht-Hauptwohnsitznutzung in Salzburg).

→ Die **Höhe der Quote** wurde in den letzten Jahren lediglich in Salzburg auf Basis einer fachlichen Untersuchung im Vorfeld neu festgelegt. Informationen finden sich dazu in den Erläuterungen zur Novelle 82/2017. Alle weiteren Quotenregelungen weisen – wohl aufgrund der Verankerung im Gesetzestext und nicht in einer Verordnung – keine dezidierte sachlich begründete Herleitung der mit der Quote festgesetzten Maximalanteile auf.

6.4 Internationale Erfahrungswerte – Schweiz

Die Schweiz galt lange Zeit als Paradies für Personen auf der Suche nach Freizeitwohnsitzen. Wohnungen und Chalets für die Nutzung in der Freizeit und an Wochenenden wurden in großem Stil errichtet und abverkauft. Viele Wohnungen wurden auch unmittelbar als Finanzierungsmodell zur weiteren Tourismusentwicklung – vor allem für die Sanierung von bestehen- den Hotelbetrieben – errichtet. Dieser Praxis setzte die **Volksinitiative** „Schluss mit dem uferlosen Bau von Zweitwohnungen!" ein Ende. Diese wurde am 11. 03. 2012 vom Schweizer Volk angenommen, und der Souverän erteilte damit den Auftrag eine **maximale Zweitwohnungsquote von 20 %** gesetzlich zu verankern.[240] Die Bürger:inneninitiative

argumentierte ihre Forderung mit dem Flächenverbrauch, der durch Zweitwohnungen verursacht wird und der Zerstörung des Landschaftsbildes. So soll die Bevölkerung genügend Platz für die eigene Entwicklung haben. Der Schwellenwert von 20 % wurde gewählt, da dieser bereits 1998 als verhältnismäßige Einschränkung durch das Bundesgericht bezeichnet wurde.[241] Die Initiative nimmt auch Bezug auf Tirol, da hier mit 8 % Anteil der Freizeitwohnsitze an den Wohnungen ein deutlich niedrigerer Wert festgelegt ist.[242] Vor allem inneralpin gelegene Schweizer Gemeinden überschreiten die 20-Prozent-Hürde im Bestand bereits bei Weitem.

Die Unterschiede in der **regionalen Verteilung der Gemeinden** mit mehr als 20 % Zweitwohnungsanteil sind in der Schweiz beträchtlich. Vor allem in den alpin geprägten Kantonen und im Jura überschreiten viele Gemeinden die 20-Prozent-Schwelle sehr deutlich. In touristisch geprägten Regionen sind Zweitwohnungsanteile über 50 % am Wohnungsbestand keine Seltenheit.

In Artikel 75b der **Bundesverfassung der Schweizerischen Eidgenossenschaft** (BV) zu Zweitwohnungen, der seit 11. März 2012 in Kraft ist[243], wird festgelegt: Der Anteil von Zweitwohnungen am Gesamtbestand der Wohneinheiten und der für Wohnzwecke genutzten Bruttogeschoßfläche einer Gemeinde ist auf höchstens 20 % beschränkt. „Aus Artikel 75b BV geht hervor, dass ein Anteil von 20 % Zweitwohnungen die Grenze dessen darstellt, was als ausgewogenes Verhältnis zwischen Erst- und Zweitwohnungen in einer Gemeinde erachtet werden kann. Demzufolge muss jede Entwicklung, die eine Gemeinde diese 20-Prozent-Limite überschreiten lässt, als unerwünscht eingestuft werden."[244] Die Verfassung knüpft an bestehende Modelle von Erst- und Zweitwohnungsanteilregelungen an, verlangt deren Einhaltung aber flächendeckend für jede Gemeinde und setzt einen schweizweit **einheitlichen Satz von 20 %** fest.[245]

Die scheinbar einfache Regelung einer 20-Prozent-Quote für Zweitwohnungen hat aber zu **erheblichen Diskussionen in der Umsetzung** geführt. „Kaum eine Volksinitiative der letzten paar Jahre hat nach ihrer Annahme für derart viel Verwirrung und (Rechts-) Unsicherheit gesorgt wie die Initiative ‚Schluss mit uferlosem Bau von Zweitwohnungen!'"[246]

---

238 Öggl, 2018.
239 Online: https://www.tirol.gv.at/statistik-budget/statistik/freizeitwohnsitze/, 14. 09. 2022.
240 ARE, 2014, 4.
241 Entscheid des Bundesgerichts vom 9. Nov 1998, GZ 1P.404/1997.
242 Homepage der Zweitwohnungsinitiative, Online: http://www.zweitwohnungsinitiative.ch/fragen-und-antworten.html, 12. 01. 2018.
243 BB vom 17. Juni 2011, BRB vom 20. Juni 2012 - AS 2012 3627; BBl 2008 1113 8757, 2011 4825, 2012 6623.
244 Botschaft zum Bundesgesetz über Zweitwohnungen: https://www.gr.ch/DE/institutionen/verwaltung/dvs/ds/Documents/Zweitwohnungen/01 % 20Botschaft % 20ZWG.pdf, 2 2299, 14. 09. 2022.
245 Waldmann, 2013. Zweitwohnungen – vom Umgang mit einer sperrigen Verfassungsnorm, 213.
246 Roth, 2016.

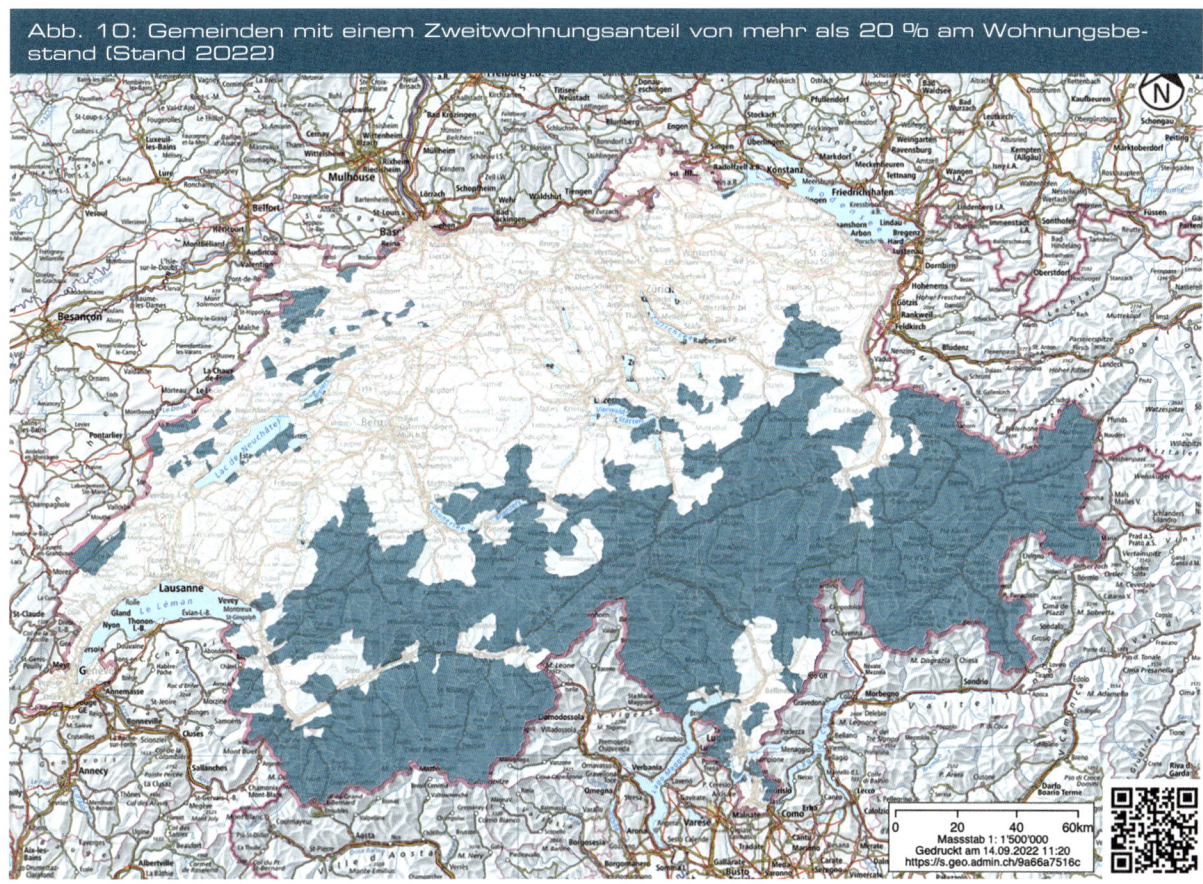

Abb. 10: Gemeinden mit einem Zweitwohnungsanteil von mehr als 20 % am Wohnungsbestand (Stand 2022)

Quelle:: https://map.geo.admin.ch/, 14.09.2022..

Der verfassungsrechtlichen Bestimmung in Art 75b BV folgend und im Inhalt konkretisierend sind am 1. Januar 2016 das **Bundesgesetz über Zweitwohnungen** (ZWG)[247] und die zugehörige **Zweitwohnungsverordnung** (ZWV) in Kraft getreten. Das ZWG regelt gemäß Art 1 die Zulässigkeit des Baus neuer Wohnungen sowie der baulichen und nutzungsmäßigen Änderung bestehender Wohnungen in Gemeinden mit einem Zweitwohnungsanteil von über 20 Prozent. Grundsätzlich ist somit die Erstellung von Wohnungen zwecks Nutzung als Zweitwohnung gemäß Definition in Art. 2 Abs. 4 ZWG in Gemeinden mit einem Zweitwohnungsanteil von über 20 % verboten. Umgekehrt dürfen in Gemeinden, die den Plafond noch nicht erreicht haben, neue Zweitwohnungen weiterhin bewilligt werden.

Anwendbar ist das ZWG gemäß Art. 25 Abs. 1 auf Baugesuche, die im Zeitpunkt der Inkraftsetzung des Gesetzes noch nicht rechtskräftig bewilligt sind. Als Zweitwohnungen gelten nach Art. 2 Abs. 4 ZWG alle

Wohnungen, die nicht als Erstwohnungen[248] oder als den Erstwohnungen gleichgestellte Wohnungen[249] qualifiziert werden.

Das ZWG enthält **zahlreiche Ausnahmen**, die die Nutzung einer Wohnung als Zweitwohnung möglich machen im Rahmen u. a.: [250]

→ von (neuen) touristisch bewirtschafteten Wohnungen (Einliegerwohnung oder Wohnung im Rahmen eines strukturierten Beherbergungsbetriebs) – „warme Betten";
→ von (neuen) Wohnungen zur Finanzierung von strukturierten Beherbergungsbetrieben;
→ von (neuen) Wohnungen aufgrund der Umnutzung von unrentablen, am 11. März 2012 bereits bestandenen strukturierten Beherbergungsbetrieben;
→ von (neuen) Wohnungen in geschützten oder ortsbildprägenden Bauten innerhalb der Bauzone;
→ von altrechtlichen Wohnungen, d. h. von Wohnungen, die am 11. März 2012 rechtmäßig be-

---

247 Zweitwohnungsgesetz, ZWG vom 20. März 2015.
248 Unter einer Erstwohnung wird gemäß Art. 2 Abs. 2 ZWG eine Wohnung verstanden, die gemäß Einwohner:innenregister von mindestens einer Person als Hauptwohnsitz genutzt wird.
249 Darunter fallen etwa Wohnungen, die Personen zu Erwerbs- oder Ausbildungszwecken dauernd bewohnen (insb. Wochenaufenthalte), die hauptsächlich der kurzzeitigen Unterbringung von Personal (Saisonniers oder temporäre Hilfskräfte) dienen oder die als Dienstwohnungen für Personen genutzt werden, welche im Gastgewerbe, in Spitälern oder Heimen tätig sind.
250 Vollzugshilfe Bundesgesetz über Zweitwohnungen und Zweitwohnungsverordnung. Online: https://www.gr.ch/DE/institutionen/verwaltung/dvs/ds/Documents/Zweitwohnungen/13 % 20Vollzugshilfe % 20ZWG.pdf, 14.09.2022.

standen oder rechtskräftig bewilligt waren (inkl. Abbruch/Wiederaufbau, Umbau/Erneuerung, maßvolle Erweiterung sowie „Splitting");

→ von neuen vor dem 11. März 2012 rechtskräftig bewilligten Wohnungen, deren Erstellung im Rahmen von Kontingenten aufgeschoben wurde;

→ von Wohnungen, die zwischen dem 11. März 2012 und dem 31. Dezember 2012 rechtskräftig bewilligt wurden;

→ von neuen Wohnungen aufgrund von projektbezogenen Sondernutzungsplänen.

Die Gemeinden, die einen Zweitwohnungsanteil von weniger als 20 % aufweisen, haben im **Rahmen eines Baugesuchs** für die Erstellung einer Wohnung stets zu prüfen, ob mit der Erteilung der Bewilligung der Zweitwohnungsanteil auf über 20 % steigen könnte. Wäre dies der Fall (z. B. beabsichtigte Nutzung der Wohnung als Zweitwohnung) wäre die Bewilligung mit einer Nutzungsbeschränkung zu versehen.

Jede Gemeinde ist gemäß Art 4 ZWG verpflichtet, jährlich ein **Wohnungsinventar** zu erstellen, wobei nach Abs. 2 im Wohnungsinventar die Gesamtzahl der Wohnungen sowie die Anzahl der Erstwohnungen aufzuführen sind. Die Feststellung des Zweitwohnungsanteils erfolgt gemäß Art 5 ZWG durch den Bund, der für jede Gemeinde auf der Grundlage des Wohnungsinventars den Anteil der Zweitwohnungen am Gesamtbestand der Wohnungen feststellt.

Gemäß Art. 3 Abs. 2 ZWG können die **Kantone Vorschriften** erlassen, welche die Erstellung und Nutzung von Wohnungen stärker einschränken als die eidgenössische Zweitwohnungsgesetzgebung. Somit ist auch eine niedrigere Zweitwohnungsquote möglich.

Die **Rechtsprechung des Schweizer Bundesgerichts** zu Erst- und Zweitwohnteilen hat sich wiederholt mit Maximalquoten beschäftigt und diese bestätigt:

→ Erstwohnanteil von 25 % gutgeheißen: Urteil BGer. 117 Ia 141 (Sils i.E./Segl).

→ Erstwohnanteil von 35 % gutgeheißen: Urteil BGer. 1P.586/2004 vom 28. Juni 2005 E.

→ Zweitwohnanteil von 30 % (EWA 70 %) gutgeheißen: Urteil BGer. 1P.415/1998 vom 1. Juni 1999 (Lugano).

→ Zweitwohnanteil von 20 % (EWA 80 %) gutgeheißen: Urteil BGer. 1P.404/1997 vom 9. November 1998.

Freizeitwohnsitzquote Schweiz – Schlüsselbotschaft

Die Regelungen zu **Zweitwohnungen in der Schweiz** lassen sich zwar nicht in die österreichische Rechtssystematik übertragen, bilden aber wesentliche Aspekte für die Festsetzung und Exekution limitierender Bestimmungen ab.

→ Durch die **Rahmengesetzgebung** ergibt sich eine schweizweit einheitliche Systematik, die zu Transparenz und Nachvollziehbarkeit beiträgt, auf regionale Besonderheiten aber keine Rücksicht nimmt.

→ Durch **die Einführung eines Inventars und die Meldepflicht** der Gemeinden bei entsprechender Sanktionierung der Untätigkeit gibt es eine gute Datenlage zum Anteil der Zweitwohnungen.

→ Die **Limitierung** von **Zweitwohnungen mit 20 %** nimmt keine Rücksicht auf regionale Unterschiede und bedeutet vor allem für Gemeinden in den alpin geprägten Kantonen deutliche Einschränkungen für die touristische Entwicklung.

→ Eine Zweitwohnungsentwicklung kann und wird in **Beschränkungsgemeinden** insb. im Rahmen der Ausnahmebestimmungen im innerörtlichen Baubestand realisiert werden.

7 JUDIKATUR ZU FREIZEITWOHNSITZEN[251]

Die **höchstgerichtliche Judikatur** zu Freizeitwohnsitzen ist erwartungsgemäß sehr umfangreich und soll im Folgenden kurz im Hinblick auf die zur Diskussion stehenden Aspekte dargestellt werden. Vorausgeschickt werden kann, dass die Höchstgerichte sich vor allem mit Fällen aus den Bundesländern Vorarlberg, Tirol und Salzburg beschäftigen. So bedingen die umfassenden Regelungen von Freizeitwohnsitzen in diesen Ländern auch den Bedarf an gerichtlicher Klarstellung von Aspekten.

Die wohl wesentlichsten Entscheidungen zur **Einschränkung der Schaffung neuer Freizeitwohnsitze** traf der VfGH zu Bestimmungen des TROG 1994. Der Gesetzgeber untersagte die Neuschaffung von, wie auch die Vergrößerung bestehender Freizeitwohnsitze und etablierte damit ein generelles Verbot. Der VfGH erkannte in dieser Bestimmung einen Verstoß gegen das Eigentumsrecht und eine unverhältnismäßige, im Allgemeininteresse nicht erforderliche Eigentumseinschränkung.[252] 1996 stellte der VfGH diesen Mangel im Zusammenhang mit anderen Aspekten erneut fest und erklärte das gesamte TROG 1994 als verfassungswidrig.[253] Selbst in der TROG-Novelle 1996 behob der Gesetzgeber den festgestellten Mangel nicht, weshalb der VfGH erneut die Verfassungswidrigkeit des generellen Verbotes feststellte.[254] Mit der ersten Novelle des TROG 1997 wurde schlussendlich die Freizeitwohnsitzquote eingeführt und der verfassungswidrige Mangel endgültig behoben. In Vorarlberg bestätigte der VfGH 1997[255] die damalige Bestimmung zur Bewilligung von Ferienwohnungen aufgrund besonders berücksichtigungswürdiger Umstände und konnte keinen Verstoß gegen das Determinierungsgebot erkennen.[256] Nichtsdestotrotz führten die Bestimmungen des Vlbg RplG zu Ferienwohnungen 2013 zur Einleitung eines Vertragsverletzungsverfahrens durch die Europäische Kommission.[257] Die Kommission befand neben anderen Aspekten insb., dass die Genehmigung von Ferienwohnungen nach § 16 Abs. 4 Vlbg RplG bei Vorliegen von besonders berücksichtigungswürdigen Umständen, das de facto ein freies Ermessen bedeutet und damit keine diskriminierungsfreie Anwendung der genannten raumplanungsrechtlichen Vorschriften gewährleistet sei.[258] Der Gesetzgeber behob 2015 mit einer Novelle die gegenständlichen Mängel.

Zwei neuere **Entscheidungen des Verfassungsgerichtshofs zu Freizeitwohnsitzabgaben** zogen 2022 die mediale Aufmerksamkeit auf sich. In Tirol befand der VfGH für Kufstein[259] und Wörgl,[260] dass bei einer Ermächtigung zur Festsetzung von Mindest- und Höchstsätzen zur Abdeckung von durch Freizeitwohnsitzen entstehenden Aufwendungen nicht einfach der höchste Abgabensatz mit ausschließlichem Verweis auf die Höhe des Verkehrswertes des Freizeitwohnsitzes festgelegt werden kann. Es darf keine „Erdrosselungssteuer" vorliegen und der Abgabensatz ist entsprechend der gesetzlich vorgegebenen Kriterien sachlich zu argumentieren. Ein **Anlassfall in Linz** zeigte für die dortige Abgabenregelung, die für Freizeitwohnsitze und leerstehende Gebäude gleichermaßen anzuwenden ist, dass es nicht ohne Weiteres zulässig ist, für Gebäude und Wohnungen, die aktuell gar nicht bewohnbar sind (Schäden, Sanierungsbedarf etc.), eine Freizeitwohnsitzabgabe einzuheben.[261]

Ebenfalls 2022 untersuchte der VfGH die Übergangsbestimmungen der **Slbg ROG Novelle 2017**, die auch die Deklarierung bisher bestehender Freizeitwohnsitze enthielt. In der vermeintlichen Deklarierung erkannte der VfGH eine **De-facto-Legalisierung von Freizeitwohnsitznutzungen**, die bisher über keine Rechtsgrundlage verfügten. Er hob daher die betreffenden Bestimmungen im Slbg ROG wegen Verstoß gegen den Gleichheitssatz als verfassungswidrig auf.[262]

---

251 Stand der Judikatur 10/2022.
252 VfSlg 13964/1994.
253 VfSlg 14679/1996.
254 VfSlg 14795/1997.
255 LGBl. Nr. 28/1997.
256 VfSlg. 14850/1997.
257 Nr. 2013/4152.
258 LGBl. Nr. 22/2015, 35. Beilage 35/2014 – Teil B: Bericht.
259 Erk. VfGH vom 07.03.2022, V157//2021.
260 Erk. VfGH vom 07.03.2022, V54/2021.
261 Erk. VfGH vom 23.06.2022, E 710/2021-11.
262 Erk. VfGH vom 30.06.2022, G 366/2021-9.

Eine **Vielzahl von Entscheidungen** zu Ferien-/Zweitwohnungen gibt es vonseiten des **VwGH**. Dabei lassen sich die Entscheidungsfälle grob nach Anlass einteilen:

→ Begriffsabgrenzung und Definition[263]

→ (Un-/rechtmäßige) Verwendung von Ferien-/Zweitwohnungen[264]

→ Beurteilung der Eigenschaft als Ferien-/Zweitwohnungen; Gestaltungsspielraum der Behörde[265]

Auch an den **Landesverwaltungsgerichten (LVWG)** werden mittlerweile recht häufig Fälle im Zusammenhang mit Freizeitwohnsitzen verhandelt und entschieden. Dabei geht es in erster Linie um Fragen der rechtmäßigen Nutzung von Ferienwohnungen, da das LVWG Zweitinstanz im verwaltungsrechtlichen Strafverfahren ist.[266]

Im **Zivilrecht** gibt es einige Entscheidungen des OGH, die im Zusammenhang mit Freizeitwohnsitzen stehen. Dabei ging es etwa um die Frage, was als Reallast im Zuge der Vertragsraumordnung verbüchert werden darf.[267] So kann etwa die Unterlassung der Nutzung einer Wohnung als Freizeitwohnsitz keine Reallast darstellen.

In der Gesamtschau fällt in der Judikatur auf, dass es in Österreich derzeit noch **keine Entscheidung** zur Verhältnismäßigkeit von **quantitativen Ferienwohnungsquoten** gibt. Entsprechend der kurz umrissenen Entscheidungen ist ein unverhältnismäßiger Eingriff durch ein generelles Verbot jedenfalls unzulässig und Ausnahmebestimmungen zur Erteilung von Genehmigungen zur Nutzung von Freizeitwohnsitzen bedürfen einer ausreichenden Determinierung des Ermessensspielraums.

---

263   Erk. VwGH vom 19.9.2006, GZ. 2005/05/0250. Erk. VwGH vom 23.6.2010, GZ. 2008/06/0200. Erk. VwGH vom 26. 11. 2010, GZ. 2009/02/0345. Erk. VwGH vom 23. 11. 2010, GZ. 2009/06/0013. Erk. VwGH vom 27. 4. 2011, GZ. 2009/06/0009. Erk. VwGH vom 27. 6. 2014, GZ. 2012/02/0171. Erk. VwGH vom 30. 09.2015, GZ. Ra 2014/06/0026.

264   Erk. VwGH vom 28.3.2006, GZ. 2005/06/0262. Erk. V wGH vom 27.6.2006, GZ. 2005/06/0185. Erk. VwGH vom 28.3.2006, GZ. 2005/06/0262. Erk. VwGH vom 25.4.2006, GZ. 2004/06/0143. VwGH Erk. vom 25. 11. 2008, GZ. 2008/06/0068. Erk. VwGH vom 17. 12. 2009, GZ. 2008/06/0050. Erk. VwGH vom 01. 06. 2017; GZ Ro 2014/06/0079.

265   VwGH Erk. vom 01.04.2008, GZ. 2007/06/0191. VwGH Erk. vom 20.3.2009, GZ. 2008/17/0142. Erk. VwGH vom 6.10.2011, GZ. 2009/06/0020. Erk. vom 11.1.2012, GZ. 2010/06/0073. Erk. VwGH vom 16.10.2014, GZ 2013/06/0017. Erk. VwGH vom 27. 2. 2015, GZ. 2012/06/0049. Erk. VwGH vom 27.07.2016, GZ Ra 2017/06/0056. Erk. VwGH vom 27. 07. 2016, Ro 2014/06/0081.

266   z. B. Fälle aus vor dem Vlbg LVWG: LVwG-302-003/R3-2015, 27.04.2015. LVwG-1-367/2017-R1, 14.12.2017. LVwG-1-174/2017-R15, 23. 10. 2017.

267   Faber, 2013.

LITERATURVERZEICHNIS

ARE, 2014. Zweitwohnungen – wie weiter?. forum raumentwicklung 2/2014. Online: https://www.are.admin.ch/are/de/home/medien-und-publikationen/forum-raumentwicklung.html, 14. 09. 2022.

Baumgartner, Gerhard, Fister, Mathis 2016. Die spätere Verwendung von Wohnobjekten als Freizeitwohnsitze nach der Novelle LGBl 31/2015 zur Kärntner Bauordnung (K-BO), bbl: 19 (1), 1–8.

Berka, Wolfgang 1996. Flächenwidmungspläne auf dem Prüfstand. Juristische Blätter 118 (2). 69–83.

Brandstätter, Stefan 2015. Landesgesetzliche Regelungen zum Zweitwohnsitz der Bundesländer Salzburg und Steiermark im Vergleich. Diplomarbeit: Uni Graz.

Czihard, Gerhard, Kyrer, Alfred, Pichler, Wolfgang, Rassem, Mohammed, Scheuringer, Brunhilde, Stagl, Justin, Zinterhof, Peter 1973. Die Belastbarkeit des Landes Salzburg mit Zweitwohnungen [Gutachten]. Schriftenreihe des Salzburger Institutes für Raumforschung, Band 1.1.

Dierer, Lukas 2020: Raumplanerischer Umgang mit Zweitwohnsitzen im oberösterreichischen Seengebiet Attersee und Traunsee – Problematik und Steuerungsmöglichkeiten. Diplomarbeit: TU Wien.

Dollinger, Franz 2017. Auskunft via Mail zum neuen ROG (§ 31) Themenbereich Zweitwohnnutzung, 17. 10. 2017.

Dollinger, Franz 2018. Auskunft via Telefon zur Argumentation der aktuellen Salzburger Zweitwohnsitzquote und der Anwendung/Kontrolle in der Praxis, 16. 01. 2018.

Eisenberger, Georg, Holzmann, Julia, 2021. Praxishandbuch Zweitwohnsitz. Linde: Wien.

Faber, Wolfgang 2013. Zweitwohnungsproblematik: Sachenrechtlich unwirksame „Reallasten der Hotelbetreibung" aus schuldrechtlicher Sicht. Baurechtliche Blätter 16 (4), 127–152.

Fröhler, Ludwig, Oberndorfer, Peter 1986. Österreichisches Raumordnungsrecht II. Verfahren, Planänderung, Rechtsschutz. Linz: Trauner.

Favry-Marksteiner, Eva 1991. Freizeitwohnen in Österreich unter besonderer Berücksichtigung der Ausländerzweitwohnungen: das rechtliche Steuerungsinstrumentarium und der künftige legistische Handlungsbedarf. Diplomarbeit: TU Wien.

Gemeinde Lech 2015. Räumliches Entwicklungskonzept. Online: http://apps.vorarlberg.at/raumplanung/raumbeobachtung/REP/lech/k_lech-rek_a-text.pdf, 19. 08. 2022.

Grader, Melanie 2017. Die Zweitwohnungssiedlungen in Podersdorf am See: Eine vergleichende Analyse. Diplomarbeit: BOKU Wien.

Gruber, Andrea 2015. Zweitwohnsitze in Österreich aus raumplanerischer Sicht: gezeigt an den Gemeinden Semmering und Saalbach-Hinterglemm. Diplomarbeit: TU Wien.

Gruber, Markus, Kanonier, Arthur, Pohn-Weidinge, Simon, Schindelegger, Arthur 2018. Raumordnung in Österreich und Bezüge zur Raumentwicklung und Regionalpolitik. ÖROK (Hrsg.), 202. Wien.

Hiebl, Ulrike 1996. Zweitwohnsitze auf dem Immobilienmarkt in Österreich: ein neues Phänomen. Diplomarbeit: Universität Wien.

Hummer, Waldemar, Schweitzer Michael 1990. Ausverkauf Österreichs? Ausländergrundverkehr und EWG. Wien: Signum-Verlag.

Hutter, Hermann 1978. Die Belastbarkeit des Landes Salzburg mit Zweitwohnungen [Gutachten]. Schriftenreihe des Salzburger Institutes für Raumforschung, Band 1.2.

Kirchmayer, Wolfgang 2008. Wiener Baurecht. (2. Aufl.), Verlag Österreich: Wien.

Kleewein, Wolfgang 2003. Vertragsraumordnung: zugleich ein Beitrag zum Einsatz privatrechtlicher Verträge im Verwaltungsrecht. Wien: NWV, Neuer Wissenschaftlicher Verlag.

Kanonier, Arthur, Schindelegger, Arthur 2018. Planungsinstrumente. In: Gruber Markus, Kanonier Arthur, Pohn-Weidinger Simon, Schindelegger Arthur 2018. Raumordnung in Österreich und Bezüge zur Raumentwicklung und Regionalpolitik. ÖROK (Hrsg.), 202. Wien.

König, Manfred 2020. Der Zweitwohnsitz im österreichischen Recht, Wien: Linde Verlag Ges.m.b.H., 4. Auflage.

Leitl, Barbara 2006. Überörtliche und örtliche Raumplanung. In: Hauer Andreas, Nußbaumer Martin (Hrsg.). Österreichisches Raum- und Fachplanungsecht. ProLibris: Wien. 95–133.

Lienbacher, Georg 2020. Grundverkehrsrecht. In: Bachman et al. (Hrsg.). Besonderes Verwaltungsrecht. Wien ua: Springer.

Marktgemeinde Velden am Wörthersee 2019. Örtliches Entwicklungskonzept.

Marktgemeinde Haus 2019. Verordnung vom 28. 01. 2021 über die Bausperre der Marktgemeinde Haus. Online: https://www.haus.at/media/docs/Bausperre-Verordnung.pdf, 17. 11. 2022.

Mayer, Eva Kristina 1997. Zweitwohnsitze im Raumordnungsrecht. Diplomarbeit: TU Wien.

ÖIR 1972. Zweitwohnungen für Freizeit und Erholung. Wien: Institut für Stadtforschung.

Öggl, Hermann 2018. Auskunft via Telefon und Mail zur Quote im Rahmen der Freizeitwohnsitzregelung in Tirol, 18. 01. 2018.

ÖROK 1987. Zweitwohnungen in Österreich – Formen und Verbreitung, Auswirkungen, künftige Entwicklung, Schriftenreihe Nr. 54/1987. Eigenverlag: Wien.

ÖROK 2022. Räumliche Dimensionen der Digitalisierung, Schriftenreihe Nr. 213/2022, Eigenverlag: Wien.

Pernthaler, Peter, Fend, Raimund 1989. Kommunales Raumordnungsrecht, Schriftenreihe für Kommunalpolitik und Kommunalwissenschaft, 11. Wien: Österreichischer Wirtschaftsverlag.

Pichler, Martin 2008. Welche Auswirkungen haben Zweitwohnsitze auf eine Gemeinde? Demonstriert am Beispiel der Gemeinde Reith bei Kitzbühel, Diplomarbeit: WU Wien.

Poppinger, Günther 1995. Kosten und Erlöse von Zweitwohnungen im Bundesland Salzburg. SIR-Schriftenreihe 15.

Roth, Florian C. 2016. Die Umsetzung von Art. 75b und Art. 197 Ziff. 9 BV als Lehrstück der Verfassungsauslegung. Online: https://media.baerkarrer.ch/karmarun/image/upload/baer-karrer/Magister_Editions_Weblaw_2016.pdf, 14. 09. 2022.

Seeber-Grimm, & Seeber, T. 2018. Kurzzeitvermietungen: Airbnb & Co im rechtlichen „Graubereich"? Zeitschrift für Recht des Bauwesens, 7(2), 46–53.

Stöckl, Paul Gottfried 2014. Aktuelle Wanderungsbewegungen in alpinen Peripherräumen in Kärnten : das Phänomen der Amenity Migration und Zweit- beziehungsweise Freizeitwohnsitze am Beispiel der Gurktaler Alpen. Diplomarbeit: Uni Graz.

Stütz, Andrea 1989. Die „kleinen" Sonderformen des Freizeitwohnens im nominellen und funktionellen Raumordnungsrecht, eine kritische Würdigung. Diplomarbeit: TU Wien.

Traunbauer, Patrick 2011. Dynamik der Zweitwohnsitzverwertung in Toptourismusdestinationen am Beispiel der Gemeinde Lech am Arlberg. Diplomarbeit: TU Wien.

Urlesberger, Franz 2016. Beschränkung von Zweitwohnsitzen und Europarecht. Wohnrechtliche Blätter 29 (12), 417–422.

Waldmann, Bernhard, 2013. Zweitwohnungen – vom Umgang mit einer sperrigen Verfassungsnorm – Der Umgang mit einer imperativen, aber weiterzuentwickelnden Verfassungsnorm. Online: http://commonweb.unifr. ch/_Law/LawDean/Gestens/BaurechtArchives/3_Scans/2013_d/F_%20Waldmann%20neuer%20Zweitwohnungsartikel.pdf, 14. 09. 2022.

Warnken & Guilding, C. 2009. Multi-ownership of tourism accommodation complexes: A critique of types, relative merits, and challenges arising. Tourism Management (1982), 30(5), 704–714. https://doi.org/10.1016/j.tourman. 2008. 10. 023.

Weichhart & Rumpolt, P. A. (2018). Mobil und doppelt sesshaft – Studien zur residenziellen Multilokalität. Geographische Zeitschrift, 106(1), 61. https://doi.org/10.25162/gz-2018-0006.

Wessely, Wolfgang, 2006. Örtliche Raumplanung als Instrument des Umweltschutzes. In: Raschauer Nicolas (Hrsg.). Handbuch Umweltrecht. WUV: Wien.

Wisbauer, Alexander, Kausl, Alexander, Marik-Lebeck, Stephan, & Venningen-Fröhlich, Hélène. (2015). Multilokalität in Österreich: Regionale und soziodemographische Struktur der Bevölkerung mit mehreren Wohnsitzen.

ABKÜRZUNGSVERZEICHNIS

Abs	Absatz
Art	Artikel
BauG	Baugesetz/e
BGBl	Bundesgesetzblatt/-blätter
Bgld	Burgenland
BauO	Bauordnung/en
bzw	beziehungsweise
Erk	Erkenntnis
GVG	Grundverkehrsgesetz/e
idF	in der Fassung
idR	in der Regel
insb.	insbesondere
iZm	im Zusammenhang mit
Ktn	Kärnten/Kärntner
NÖ	Niederösterreich/ische/s
LGBl	Landesgesetzblatt/-blätter
lit	litera
Nr	Nummer
OGH	Oberster Gerichtshof
ÖIR	Österreichisches Institut für Raumplanung
Oö	Oberösterreich/ische/s
ÖROK	Österreichische Raumordnungskonferenz
ROG	Raumordnungsgesetz/e
RplG	Raumplanungsgesetz/e
SIR	Salzburger Institut für Raumforschung
Slbg	Salzburg
Stmk	Steiermark
ua	unter anderem
va	vor allem
VfGH	Verfassungsgerichtshof
VfSlg	Sammlung des Verfassungsgerichtshofes
Vlbg	Vorarlberg
VwGH	Verwaltungsgerichtshof
zB	zum Beispiel

TABELLEN- UND ABBILDUNGSVERZEICHNIS

ÖROK-SCHRIFTENREIHENVERZEICHNIS

180   EU-Kohäsionspolitik in Österreich 1995–2007 – Eine Bilanz, Materialienband,
       Wien 2009

179   Räumliche Entwicklungen in österreichischen Stadtregionen, Handlungsbedarf und Steuerungsmöglich-
       keiten, Wien 2009

178   Energie und Raumentwicklung, Räumliche Potenziale erneuerbarer Energieträger, Wien 2009

177   Zwölfter Raumordnungsbericht, Wien 2008

176/II Szenarien der Raumentwicklung Österreichs 2030, Regionale Herausforderungen
       und Handlungsstrategien, Wien 2009

176/I Szenarien der Raumentwicklung Österreichs 2030, Materialienband, Wien 2008

175   strat.at 2007–2013, Nationaler strategischer Rahmenplan Österreich, Wien 2007

174   Erreichbarkeitsverhältnisse in Österreich 2005, Modellrechnungen für den ÖPNRV und den MIV (bearbeitet
       von IPE GmbH.), Wien 2007

173   Freiraum & Kulturlandschaft – Gedankenräume – Planungsräume, Materialienband, Wien 2006

172   Zentralität und Standortplanung d er öffentlichen Hand (bearbeitet von Regional
       Consulting ZT Gmbh), Wien 2006

171   Aufrechterhaltung der Funktionsfähigkeit ländlicher Räume (bearbeitet von Rosinak & Partner), Wien 2006

170   Elfter Raumordnungsbericht, Wien 2005

169   Europaregionen – Herausforderungen Ziele, Kooperationsformen (bearbeitet von ÖAR), Wien 2005

168   Präventiver Umgang mit Naturgefahren in der Raumordnung, Materialienband,
       Wien 2005

167   Zentralität und Raumentwicklung (bearbeitet von H. Fassmann, W. Hesina,
       P. Weichhart), Wien 2005

166/II ÖROK-Prognosen 2001–2031 Teil 2: Haushalte und Wohnungsbedarf nach Regionen und Bezirken
       Österreichs (bearbeitet von STATISTIK AUSTRIA), Wien 2005

166/I ÖROK-Prognosen 2001–2031 Teil 1: Bevölkerung und Erwerbstätige nach Regionen und Bezirken
       Österreichs (bearbeitet von STATISTIK AUSTRIA), Wien 2004

165   EU-Regionalpolitik und Gender Mainstreaming in Österreich (BAB GmbH & ÖAR GmbH), Wien 2004

164   Methode zur Evaluierung von Umweltwirkungen der Strukturfondsprogramme
       (bearbeitet vom ÖIR), Wien 2003

163   Österreichisches Raumentwicklungskonzept 2001, Wien 2002

163a   Österreichisches Raumentwicklungskonzept 2001 – Kurzfassung, Wien 2002

163b   The Austrian Spatial Development Concept 2001 – Abbreviated version, Vienna 2002

163c   Le Schéma autrichien de développement du territoire 2001 – Résumé, Vienne 2002

162   Räumliche Disparitäten im österreichischen Schulsystem – Strukturen, Trends und politische Implikationen
       (bearbeitet von Heinz Faßmann), Wien 2002

161   Ex-post-Evaluierung Ziel-5b- und LEADER II-Programme 1995–1999 in Österreich, (Bearbeitung:
       Forschungszentrum Seibersdorf Ges.m.b.H), Wien 2002

160   Zehnter Raumordnungsbericht, Wien 2002

Sonderserie Raum & Region, Heft 3, Politik und Raum in Theorie und Praxis – Texte von
Wolf Huber kommentiert durch Zeit-, Raum- und WeggefährtInnen, Wien 2011
Sonderserie Raum & Region, Heft 2, Raumordnung im 21. Jahrhundert – zwischen Kontinuität und Neuorien-
tierung, 12. Örok-Enquete zu 50 Jahre Raumordnung in Österreich, Wien 2005
Sonderserie Raum & Region, Heft 1, Raumordnung im Umbruch – Herausforderungen,
Konflikte, Veränderungen, Festschrift für Eduard Kunze, Wien 2003